# 알기 쉽고
# 배우기 쉬운

Nail Cosmetology & Art Design

# 네일 미용학
# &
# 아트 디자인

## 저자 이력

**함혜근**  동국대문화예술대학원 교수
**방효진**  관동대학교 교수
**이정례**  전남과학대학교 교수
**김민선**  전남과학대학교 교수
**김성숙**  전남과학대학교 교수
**감승자**  김천대학교 겸임교수
**염현정**  경북보건대학교 겸임교수
**최예인**  오산대학교 외래교수
**김윤영**  관동대학교 외래교수

---

알기 쉽고 배우기 쉬운
# 네일미용학 & 아트디자인

**초판 1쇄 발생 2021년 6월 08일**

**지은이** ∥ 함혜근, 방효진, 이정례, 김민선, 김성숙, 감승자, 염현정, 최예인, 김윤영
**펴낸이** ∥ 위북스
**펴낸곳** ∥ 위북스
**출판등록** ∥ 제406-2013-000011호
**주 소** ∥ 경기도 고양시 일산동구 무궁화로 43-15 한강세이프빌 205-3
**홈페이지** ∥ www.webooks.co.kr
**전화번호** ∥ 031-955-5130
**이메일** ∥ we_books@naver.com
ⓒ webooks, 2016

**ISBN** ∥ 979-11-88150-48-9  03600

값 22,000원

※ 이 책은 저작권법에 따라 보호받는 저작물이므로 무단 전재와 무단 복제를 금지하며,
  이 책의 내용 전부 또는 일부를 이용하려면 반드시 위북스 담당자의 서면동의를 받아야 합니다.

알기 쉽고
배우기 쉬운

Nail Cosmetology & Art Design

# 네일 미용학 & 아트 디자인

## 인사말 | GREETING

최근 생활수준의 향상으로 건강과 웰빙, 힐링을 기반으로 현대인들의 미(美)에 대한 관심이 높아지고 있으며 자신을 나타내기 위한 수단으로 네일아트 및 패티큐어를 선택하고 있습니다.

과거의 네일아트가 소수 귀족층의 전유물로 신분을 나타내는 수단으로 사용되었거나 단순한 아름다움의 표현이었다면, 현대사회의 네일아트는 손·발의 건강관리 및 아름다움뿐만이 아닌 대중들에게 패션의 한 부분으로 인식되고 있습니다.

이에 우리 교재는 네일 아티스트들에게 고객의 다양한 니즈(needs)를 파악하고 시대적 트렌드 연구 및 네일아트의 전문성과 창의적 감각을 구축하기 위해 한국산업인력관리공단의 자격검증 실기 및 이론 시험을 기반으로 이론 및 실무를 체계적으로 정리하였고 네일아트의 전재와 표현 기법의 기초를 탄탄하게 기재하였습니다.

미래의 네일 아티스트를 꿈꾸는 후배들이 전문성을 갖추는 데 도움이 되길 희망하며 본 교재를 출간할 수 있도록 함께해주신 교수님들과 교재의 출판을 총괄해주신 위북스 대표님과 편집부 관계자 여러분들께도 깊은 감사의 마음을 전합니다.

저자일동

# 목차 | CONTENTS

## PART 01

### 네일아트 개론

| CHAPTER 01 | 네일 미용의 역사 | 008 |
| CHAPTER 02 | 네일 미용의 이해 | 011 |
| CHAPTER 03 | 네일 살롱의 안전관리 및 위생 | 016 |
| CHAPTER 04 | 네일 살롱과 미생물 | 025 |
| CHAPTER 05 | 피부학 | 032 |
| CHAPTER 06 | 골격계 | 039 |
| CHAPTER 07 | 네일 구조와 병변 | 053 |

## PART 02

### 네일아트 실기

| CHAPTER 01 | 네일 재료 및 도구 | 066 |
| CHAPTER 02 | 손 관리 | 083 |
| CHAPTER 03 | 네일 미용 기술 | 123 |
| CHAPTER 04 | 폴리시 네일 아트 | 175 |
| CHAPTER 05 | 젤 네일 아트 | 180 |
| CHAPTER 06 | 젤 응용 아트 | 184 |
| CHAPTER 07 | 살롱 젤 아트 | 186 |
| CHAPTER 08 | 아트 갤러리 | 187 |

알기 쉽고
배우기 쉬운

**네일 미용학
&
아트 디자인**

# PART 01
# 네일아트 개론

**CHAPTER 01** 네일 미용의 역사

**CHAPTER 02** 네일 미용의 이해

**CHAPTER 03** 네일 살롱의 안전관리 및 위생

**CHAPTER 04** 네일 살롱과 미생물

**CHAPTER 05** 피부학

**CHAPTER 06** 골격계

**CHAPTER 07** 네일 구조와 병변

# CHAPTER 01   네일 미용의 역사

네일 미용의 역사는 언제부터 손톱에 색을 물들이며 치장을 하였는지는 알 수 없으나 문헌을 통해 처음 알려진 이후 5,000년의 역사를 이어오며 발전해 왔다.

최초의 네일 미용은 이집트와 중국의 유물과 문헌을 통해 전해 내려오고 있으며, B.C. 3000년경 이집트 피라미드에서 네일과 관련된 도구 및 바르는 약이 발견되면서 시작되었고, 현재 사용되는 금속성 도구들의 시초가 되기도 하였다.

그 당시 네일 관리는 계급 및 신분의 표시, 전쟁에 출격하기 전 승리하고자 하는 남성들의 용맹성 표현, 종교를 바탕으로 한 주술적 행위, 아름다움을 표현하는 미적 수단으로 행하여졌다. 그러나 현대에 이르러 네일 미용은 미적표현의 자유와 독창적인 창의성 및 예술성을 지닌 패션의 가치 추구에 중점을 두고 토탈 뷰티 코디네이션의 완성과 자신을 표현하는 수단으로 삼고 있다.

## ① 외국 네일 미용의 역사

### 1) 고대 이집트

기원전 3,500년경 왕비의 무덤에서 금속성 오렌지 우드스틱이 발견되면서 네일 미용의 역사가 시작되었음을 알 수 있었다. 왕족이나 고위직 신분을 지닌 남녀는 헤나(Henan)라는 관목에서 오렌지색을 추출하여 손톱에 염색하고 높은 지위를 가진 왕족은 진한붉은 색, 신분이 낮을수록 손톱의 색상은 옅은 색으로 신분의 차이를 두었다.

남성들은 전쟁에 참전하기 전 손톱과 입술을 같은 색으로 칠하여 용맹성을 나타냈다고 한다.

### 2) 중국

기원전 3,000년경 입술연지로 사용하던 "홍화"라는 식물을 손톱에 칠하였고 이를 "조홍"이라 칭하였고 이후, 계란 흰자위와 꿀, 아라비아의 고무나무 수액을 섞어 네일에 바르는 원료를 만들어 내기도 하였다.

전통적인 화려함을 추구하는 귀족들은 금색과 은색을 선호하였고 15세기에는 흑색과 적색을 섞어 손톱에 바르고 화려하게 장식함으로 신분을 과시하였다.

### 3) 중세시대

화장에 대한 관심이 높아지면서 귀족과 평민들이 네일 관리 및 손톱장식이 유행하게 되었고 섬세하고 긴 손톱이 아름다운 여성의 기준이 되었다. 남성들 역시 전쟁에 출격하기 전 주술적인 의미로 손톱과 입술을 같은 색으로 칠하여 두려움을 없애거나 용맹성을 나타냈다고 한다.

### 4) 근대

1800년대 이후 아몬드형태의 짧고 뾰족한 네일 모양이 유행하였고 향기가 나는 붉은 색 기름을 바르고 Chamois라 불리는 양과 염소의 가죽으로 광택을 냈다. 1830년대에는 오렌지 우드스틱을 네일 관리에 사용하였고, 1885년 네일 에나멜의 필름 형성제인 '니트로셀룰로오스'가 개발되었다.

미국에서는 1892년 의사 시트의 조카에 의해 네일 미용사가 여성들의 새로운 직업으로 도입되기도 하였다.

### 5) 현대

1900년대 네일 미용 산업이 본격적으로 발달하면서 다양한 네일 관련 제품이 개발되고 네일 테크닉의 전문화 및 세분화가 화려한 컬러링과 손톱모양으로 개인의 개성을 중시하며 여성들에게 큰 인기를 모으게 되었다.

메탈 파일과 메탈가위, 광택을 위한 크림, 가루 등이 사용되었고 1923년 제나(gena)연구팀의 연구에 의해 다양한 빨간색 폴리시제품, 큐티클 오일, 아세톤, 제품회사(IBD)에 의해 네일 접착제, 접착식 인조 손톱이 개발되기도 하였다.

1950년 헬렌 걸리(Helen Gouley)는 미용학교에서 최초로 체계적이며 본격적인 손과 발의 케어 교육을 실시하였고, 1970년 네일 팁(Tip)사용과 아크릴릭 네일의 기원인 페티 네일(Patti Nail)이 최초로 시술되면서 페티큐어가 등장하였다. 1947~1975년 미국에서는 여러 네일 협회가 결성되었고 메타크릴레이트(Methyl Methacylate) 등과 같은 화학제품의 사용금지를 통해 네일 산업은 인체에 해가 되지 않는 제품개발이 확산되었다.

　1994년 미국 뉴욕 주에서 네일 면허 제도가 도입되었고, 이때 독일에서 등장한 라이트 큐어드 젤 시스템(Light Cured Gel System)은 현재까지 이용되는 기법 중 하나이다.

　2000년대 네일 미용은 자연주의의 영향으로 손톱의 길이는 짧고 연한 색상의 에나멜을 선호하기도 하였으나 네일 연장 서비스 및 다양한 아트기법을 추구하는 고객층의 요구로 팁 오버레이, 아크릴릭, U.V.젤 등의 다양한 표현기법기술이 적용되고 있다.

　현대에 이르러 네일 미용은 화려하고 독특한 이미지 연출과 미적표현을 통해 토탈 뷰티를 완성할 수 있는 자신의 표현 수단으로 삼고 있으며 새로운 부가가치를 창출하는 직업으로 자리 잡고 있다.

## ② 한국 네일 미용의 역사

　아름다움을 추구하는 욕구는 동서양의 구분이 없었으며, 우리나라는 고려시대 "염지갑화(染指甲花)"라 하여 여인들과 어린아이들 사이에 봉선화를 찧어 손톱에 물을 들였다는 기록이 있다. 이는 외국의 신분이나 계급을 나타내기 위한 수단보다는 병마를 막기 위한 목적으로 생긴 풍속으로 짐작하고 있다.

　고대 문헌집인 "임하필기(林下筆記)"에 의하면 "봉선화 꽃이 붉어지면 잎을 쪼아 명반을 섞어 손톱에 싸고 사나흘 밤만 지나면 심홍빛이 든다"라는 손톱 염색법을 제시하기도 하였다. 우리 민족은 예로부터 손에 대한 관심이 많아 수상을 통해 건강과 여인들의 다산의 기준을 삼았고 하얗고 깨끗한 손과 건강한 손톱을 선호하였다. 하지만 유교사상으로 인해 손톱의 장식과 치장은 천하다고 여겨 네일 미용 문화발전에 걸림돌이 되었다.

　본격적인 네일 미용의 발전은 1992년 이태원에 외국인들을 대상으로 네일 전문살롱(그리피스네일)이 개업하면서 부터였으며 1996년 압구정동의 한 백화점에 네일아트 전문샵이 입점하면서 일반인들에게 소개되고 대중화가 되었다.

　또한, 1977년 수입 네일 전문 업체 및 네일 전문학원들이 개설되면서 급속한 성장의 발판이 되었으며 1998년 네일 관련 협회들이 발족되어 민간 자격시험이 도입·시행되었고 네일관련 전문업체가 생겨났으며, 미용전문학교, 대학에서도 네일 관리학 수업이 개설되고 체계적인 네일 교육이 시작되었다. 우리나라는 2014년 4월 국가자격 미용사(네일)면허 시험이 시행되면서 급성장하는 발판이 되었다.

## CHAPTER 02  네일 미용의 이해

### ① 네일 미용의 정의

　네일 미용은 손톱과 발톱의 모양 만들기, 큐티클 정리, 컬러링, 마사지등 건강하고 아름다운 손과 발 관리를 총망라하며, 최근 여성들의 사회활동 범위가 확장되면서 본인의 가치를 높이고자 외모에 시간과 비용을 투자하고 있다. 과거 손톱은 자신을 지키는 무기로 사용하거나 사냥 및 음식물 채취 등에 사용하였다면 오늘날 네일 미용은 생활수준의 향상과 아름다움에 대한 관념의 변화로 인해 급속하게 발전하고 있으며 일상생활의 일환으로 자리 잡고 있다.

　네일 관리는 손·발톱의 결함을 보완해주고 아름답게 장식하고자 하는 심미적인 역할 뿐만 아니라 감정표현, 직업의 예측, 스스로의 만족감과 매력을 더하여 각 개인의 개성을 향상시켜 주는 과정으로 패션의 마무리 액세서리로 이용되고 있다.

#### 1) 매니큐어(Manicure)

　손을 의미하는 라틴어 마누스(Manus)와 관리, 치료를 의미하는 큐라(Cura)를 합성하여 "손을 관리하다"라는 뜻으로 큐티클 및 손톱정리, 거스러미 정리, 네일 컬러도포 등을 통해 손을 보호하며 아름답고 건강한 손 관리를 말한다.

#### 2) 패디큐어(Pedicure)

　발의 의미를 가진 라틴어 페디스(pedis)와 관리, 치료의 의미를 가진 큐라(cura)를 합성하여 발과 발톱을 아름답고 건강하게 가꾸는 발의 전체적인 관리로 발톱의 모양관리, 큐티클정리, 각질관리 및 마사지, 컬러링 등 발과 관련된 시술과정을 말한다.

## ② 네일 미용의 종류

### 1) 폴리시 네일

폴리시 네일은 손톱에 유색 또는 무색으로 아름답게 도포하는 미용으로 네일 컬러, 에나멜, 매니큐어라고도 하고 무광, 유광, 펄, 메탈릭 컬러, 크렉 컬러 등 다양한 색상으로 표현할 수 있다. 폴리시 네일은 자연건조가 가능한 대신 건조시간이 길고, 지속력이 짧다는 단점이 있다.

### 2) 젤 네일

젤의 사전적 의미는 '올리고머(Oligomer)'라는 '미세한 그물 구조의 점성이 있는 액체 덩어리'라는 뜻을 가지고 있으며, 올리고머(Oligomer)에 별도의 응고제인 카타리스트 (Catalyst)가 더해져 젤을 강하고 단단하게 경화시켜준다.

젤 네일은 폴리시 네일의 단점을 보완하여 UV 또는 LED와 같은 자외선에 일정시간 노출시켜 컬러를 신속하게 경화시키고 유지력이 길고 고광택을 유지할 수 있다는 장점을 가지고 있다. 제품의 종류에 따라 차이는 있지만, 시술 시 냄새가 전혀 없고 상온에서 브러시로 젤을 자유자재로 변형이 가능하며, 시간제한 없이 원하는 모양으로 색을 칠하거나 아트가 가능하다.

## ③ 네일 미용의 목적

손과 발의 결함 또는 단점을 교정하거나 보완하여 네일을 보호하여 손톱과 발톱의 본연의 기능을 고려하여 건강하고 아름답게 관리한다.

특히, 네일 아트는 미용예술의 한 분야로 자리매김하며 개인의 개성을 살리는 장식의 목적, 직업의 표현, 의사전달, 신분표시 등을 통해 긍정적인 사고와 자존감을 높이는데 그 목적이 있다.

## 1) 네일의 기능

① 손과 발끝을 외부자극 및 질병으로부터 보호하는 보호적 기능을 한다.
② 방어와 공격의 기능을 동시에 가진다.
③ 손을 아름답게 장식하고 꾸밈으로서 타인에게 매력을 발산하고 호감도를 높이는 심미적 기능을 한다.
④ 창의성 및 예술성을 지닌 패션의 가치 추구에 중점을 두고 토탈 뷰티를 완성하는 기능을 한다.
⑤ 자신의 사회적 지위를 표현하는 사회적 기능을 한다.

## 2) 네일 미용인의 자세

네일 아티스트는 손, 발톱과 관련하여 필요한 지식과 기술을 습득하여 기초기술 및 응용기술을 갖추어야 하며 고객에게 필요한 시술 선택 시 전문가로서 정확한 분석 및 전문지식을 전달해야 한다. 또한, 직업인으로서 자세와 윤리를 지켜 동료 및 고객에게 신뢰감을 주며 다음과 같은 역할을 한다.

① 단정한 외모와 위생적인 옷차림으로 고객을 응대한다.
② 고객과 친밀감을 유지하며 항상 경어를 사용하고 고객의 말을 경청한다.
③ 고객이 방문하기 전에 필요한 도구 및 장비 등을 확인하고 위생적으로 관리해 둔다.
④ 고객과 직원에 대한 불평을 하지 않으며 사적인 대화는 금한다.
⑤ 친절하고 예의바른 태도로 고객을 응대하며 필요 이상의 네일 케어를 권하지 않는다.
⑥ 예약 관리시간을 엄수하여 고객의 신뢰도를 높인다.
⑦ 고객이 편안함을 느낄 수 있도록 살롱의 분위기를 만들고 밝은 표정과 말투를 사용한다.
⑧ 네일 아티스트로서 자신감과 긍지를 가지고 고객을 응대한다.
⑨ 전문지식과 기술습득을 위해 세미나 참석 및 전문서적을 구독한다.

## ④ 고객 관리(응대 및 상담)

### 1) 네일 아티스트의 자세

    네일 아티스트는 전문지식과 다양한 테크닉을 겸비해 고객이 필요한 시술을 정확히 분석 할 수 있어야 하며 이를 토대로 고객에게 맞는 서비스 내용을 설명할 수 있어야 한다. 또한, 고객의 선호도와 취향을 고려하여 고객에게 맞는 시술을 선택할 수 있도록 하고 고객의 요구사항을 경청하여 해당 시술 과정의 방법 및 관리의 정보 전달로 고객과 신뢰감을 형성해야한다.

    네일 아티스트는 청결하고 단정한 이미지, 깨끗한 큐티클정리, 세련된 네일아트를 통해 전문가의 자세를 보여야 하며, 예약 고객의 방문 시간을 점검하여 약속 시간을 엄수하고 직업에 대한 자부심과 긍지를 가지고 친절하고 상냥한 태도로 서비스를 제공해야 한다.

### 2) 상담과 진단

    네일 시술을 시행하기 전 고객과 상담을 통해 고객이 원하는 서비스를 분석하고 손, 발톱의 상태를 진단하여 고객이 원하는 시술이 적당한지, 서비스 제공이 가능한지를 파악한다.

    최고의 상담기술은 고객의 문진과 견진을 통해 고객 상담 카드를 작성해야 한다. 이를 토대로 지속적인 고객관리를 진행하고 살롱경영에 적극 활용하는 밑거름이 되어야 할 것이다.

① 고객이 관리실에 방문한 목적을 알아본다.
② 고객이 원하는 시술을 확인하고 시술가능 여부를 알아본다.
③ 고객의 피부상태, 손, 발톱의 타입을 확인한다.
④ 고객의 생활양식을 확인하여 시술타입을 결정한다.
⑤ 서비스에 필요한 제품을 확인하고 고객의 피부에 알레르기 반응에 대해 알아본다.
⑥ 고객의 신체적 질병을 확인한다.
⑦ 네일 관리가 끝난 후 고객 기록카드작성 (서비스 내용, 사용제품, 특이사항, 예약일 등)

## 3) 고객 상담 카드 작성에 필요한 내용

① 인적사항(이름, 주소, 전화번호, 생년월일)

② 고객의 피부타입

③ 고객의 손톱, 발톱의 형태 및 상태

④ 고객이 선호하는 컬러

⑤ 고객의 의료기록(알레르기, 관절염, 호흡기질환 등)

⑥ 직업 및 손을 이용한 취미활동을 하는지?

⑦ 네일 서비스를 받는 주기

⑧ 손을 보호하기 위한 노력을 하고 있는지 확인

⑨ 방문시기, 시술내용, 적립금내역, 특이사항 등

# CHAPTER 03   네일 살롱의 안전관리 및 위생

## 1 네일 살롱의 안전수칙

작업의 특성상 네일 전문 제품은 화학물질이 주로 사용되기 때문에 과다 노출 시 일어날 수 있는 부작용이 있을 수 있어 제품의 특성과 성분을 이해하고 고객 관리 시 피부 접촉으로 박테리아 감염과 샵 내부의 위생으로 인해 뜻하지 않은 문제가 발생 할 수 있음으로 무엇보다 위생과 안전관리에 노력을 기울여야 한다.

네일 미용 종사자의 눈의 피로를 덜어주기 위해 밝은 조명을 사용하며 사용한 네일 제품 및 도구는 소독액으로 닦거나 세척 후 소독기에 보관한다. 네일 미용에 종사자는 직업의 특성 상 피부질환, 안과질환, 호흡기 질환, 특유의 근골격계 질환에 노출될 수 있어 안전관리 및 건강관리에 유의하도록 한다.

### 1) 화학물질 안전수칙

① 작업장 안의 공기를 자주 환기시켜 내부 공기를 정화한다.
② 손을 자주 씻고 청결히 하여 손에 묻은 분진이나 화학제품이 피부에 닿거나 눈에 들어가지 않도록 관리한다.
③ 파일링으로 인한 분진이 입이나 코로 들어가지 않도록 관리 시 마스크를 사용한다.
④ 휘발성 물질이 눈에 직접적인 영향을 주지 않도록 보호 안경을 쓰고, 살롱에서는 콘텍트렌즈를 절대로 사용해서는 안 된다.
⑤ 모든 제품에 라벨을 붙여 사용 용도를 정확히 하며 적절한 재료 사용을 하도록 한다.
⑥ 재료 안전 자료표(MSDS: material safety data sheet)를 살롱에 비치하고 수시로 숙지할 수 있도록 한다.
⑦ 정해진 장소에서 음식물 섭취 및 취사를 한다.
⑧ 화학물질을 많이 사용하는 작업장에서는 화재예방에 힘쓴다.
⑨ 글루, 젤, 아크릴 리퀴드, 솔벤트, 폴리시 등 화학제품은 시원한 곳에 보관하고, 어린아이들의 손이 닿지 않도록 한다.

⑩ 모든 재료는 뚜껑이 있는 용기를 사용하여 휘발성 냄새가 발생하지 않도록 관리하며 사용 후 뚜껑을 덮어 둔다.

⑪ 뚜껑이 있는 쓰레기통을 사용하며 자주 비워 위생관리에 신경을 쓴다.

| | |
|---|---|
| 안전재료 자료표(MSDS)<br>Material Safety Data Sheet | • 제조회사가 제품을 사용하는 사람들을 위해 제품의 모든 정보를 볼 수 있도록 수록해 놓은 지침서<br>• 물리적 위험성, 제품이 다른 화학물질과 반응하여 나타날 수 있는 위험요소, 보건위험, 제품으로 인한 질병의 통상적인 증후 및 대처요령<br>• 노출 허용 가능한 범위 표시<br>• 기본적인 인체로의 침투 통로<br>• 주의사항과 취급방법<br>• 자료준비, 작성일자, 개정, 변경일자 기재<br>• 책임자의 성명, 주소, 전화번호 등이 기재되어 있다. |
| 화학물질 과다 노출로 인한 증상 및 부작용 | • 두통, 불면증, 콧물, 재채기, 눈과 피부충혈, 호흡장애, 피로, 우울증 |

## 2) 전기 안전수칙

① 전기를 사용하는 기기들은 사용법, 안전수칙, 주의사항을 숙지하여 사용한다.

② 퇴근 시 또는 사용하지 않는 전자제품은 전원을 뽑아 둔다.

③ 젖은 손으로 전원코드를 만지지 않는다.

④ 한 개의 콘센트에 여러 전기기구를 함께 사용하지 않으며 먼지나 이물질을 자주 청소해 누전의 원인이 되지 않도록 한다.

⑤ 누전차단기를 설치하여 수시로 점검한다.

⑥ 관리에 필요한 전기용품은 70% 알코올에 적신 헝겊 또는 퍼프를 이용하여 닦아 준다.

⑦ 전기 연결과 전열기는 적절하고 안전하게 설치되어야 한다.

## 3) 네일 미용기구 및 도구의 위생관리

네일 미용의 위생은 고객과 관리사의 건강과 밀접한 관계가 형성됨으로 시술시 위생적인 소독 방법으로 처리하지 않으면 관리사와 고객 모두가 감염 위험에 노출되어 건강을 해칠 수 있다. 감염 요인으로 위생적이지 않은 복장, 소독하지 않은 손, 폐기물 방치, 멸균이 되지 않은 기구와 소독되지

않은 도구 사용 등을 들 수 있고 오염된 도구와 기구들은 주 감염원이 될 수 있다. 박테리아와 다른 병원체들은 이러한 오염된 파일(File), 큐티클 니퍼(Cuticle nipper), 매니큐어 테이블, 쓰레기통, 타월 등에서 빠르게 확산될 수 있음으로 모든 기구는 소독해서 사용하고 특히, 교차 감염의 위험이 있는 질병 즉, 무좀, 헤르페스(Herpes), 에이즈(AIDS), 백선 등과 외적으로 나타나지 않는 고객의 질환은 관리사가 알 수 없기 때문에 작업장의 환경과 도구 및 기구들을 철저히 소독하고 청결한 환경이 되도록 하여야 한다.

① 에머리보드, 콘커터 날, 오렌지우드스틱과 같은 1회용 도구는 재사용하지 않는다.
② 니퍼(Nippers), 메탈 푸셔(Metal pusher), 큐티클 가위(Cuticle scissors) 등은 사용 후 70% 알코올을 이용하여 20분 동안 담가 두었다가 흐르는 물에 헹구어 마른 수건으로 물기를 제거하고 자외선 소독기에 보관한다.
③ 패디큐어 관리를 위한 메탈도구, 패티화일은 철저히 소독하여 보관하고 시술한다.
④ 굳은살 제거 시 사용되는 면도날은 반드시 1회만 사용한다.
⑤ 모든 재료는 뚜껑이 있는 용기에 담아 보관한다.
⑥ 족욕을 위해 사용한 물은 재사용하지 않으며 족탕기 내, 외부의 청결을 철저히 하여 감염병 방지를 위해 노력한다.
⑦ 소독약품을 사용할 경우 설명서의 지시에 따라 적용하도록 한다.
⑧ 온장고 및 자외선 소독기를 사용하지 않을 경우 내부를 깨끗하게 소독한 후 문을 열어 환기시켜 둔다.
⑨ 핑거볼과 같이 고객에게 직접 적용하는 도구는 사용 직후 세척하고 소독 처리하여 보관한다.
⑩ 에모리 보드(Emory board) 및 파일(File), 버퍼(Buffer)는 1회용 사용을 원칙으로 하고 사용 후 즉시 폐기한다.

### 4) 고객 안전 수칙

① 네일 관리 시 고객의 피부 및 손. 발톱의 건강상태를 살펴 큐티클을 제거해야 하며, 너무 강하거나 세게 밀고 자르면 상처가 생길 수 있음으로 주의해야 한다.
② 제품 사용 시 적당량을 사용하고 특히, 글루는 자연 네일을 약하게 하고 쉽게 부서지게 할 수 있어 적당량을 사용하도록 한다.

③ 화학약품 사용 및 도구로 인한 알레르기가 생긴 경우 시술을 중단하고 전문 의료기관에서 치료 받을 수 있도록 권한다.
④ 고객을 관리하기 전 관리사는 손을 깨끗이 소독하여 전염병에 주의한다.

### 5) 네일 아티스트의 위생관리

네일 아티스트는 자신의 안전과 고객을 질병으로부터 보호하기 위해 다음 사항들을 준수해야 한다.

① 손을 항상 청결하게 관리하고 고객을 대하기 전 따뜻하게 유지한다.
② 전문가로서 단정하고 깨끗한 이미지를 연출하기 위해 위생복(유니폼) 착용과 옅은 화장을 통해 고객에게 신뢰감을 주도록 한다.
③ 화학물질을 사용할 때는 사용설명서 및 지시사항을 확인하고 따라야 한다.
④ 고객과 관리사의 건강을 위해 일회용 마스크 착용과 감염의 원인인 질병에 노출되었을 경우 시술하지 않는다. 특히, 시술 시 발생한 개방 창상의 경우 반드시 전문의의 치료를 통해 2차 감염이 되지 않도록 주의한다.
⑤ 전염가능성이 있거나 감염이 된 상태에서는 고객에게 시술하지 않는다.
⑥ 시술 도중 화학 성분이 들은 용액을 흘렸을 경우 즉시 닦는다.
⑦ 화학물질을 사용하는 동안 피부 또는 눈을 만지거나 닿지 않도록 한다.
⑧ 응급처치를 위한 상비 구급용품을 항상 구비하도록 한다.
⑨ 살균, 소독제는 통풍이 잘되고 건조한 장소에 보관한다.

## ② 네일 살롱의 위생 관리

네일살롱은 다양한 고객이 방문하는 공간으로 위생적인 관리가 이루어지지 않으면 각종 전염병 및 세균감염에 노출되기 쉽다. 네일살롱에서 비위생적인 제품 및 도구의 사용은 직접 또는 다른 매개체인 공기, 먼지, 곤충 등을 통해 다른 사람들에게 감염의 원인을 제공할 수 있다. 그러므로 시술에 사용한 각종 제품 및 도구들은 알코올이나 소독제를 이용하여 깨끗하고 청결하게 닦아 보관하여 고객과 네일 관리사를 철저하게 보호해야 한다.

관리 시 적용하는 폴리시, 아크릴 파우더의 화학성분 냄새와 팁을 파일링 하면서 발생하는 분진과 먼지로 인해 매니·패디큐어 공간에서는 환기가 매우 중요하므로 환기구 설치 및 공기청정기를 통해 실내위생을 관리한다.

## 1) 네일살롱의 실내위생

① 청결하고 단정하며 정리정돈이 잘 되어 있어야 한다.
② 작업환경의 최적화를 위하여 내부벽면, 천장, 바닥, 관리사개인물품보관대, 작업대 등에 먼지나 이물질이 쌓이지 않도록 청결하게 유지한다.
③ 네일살롱의 내부는 알맞은 조도의 조명을 선택하여 설치한다.
④ 전기배선은 관리사의 작업에 불편하지 않도록 적절하게 배치해야 한다.
⑤ 상, 하수도의 올바른 설치로 살롱내부에 냄새가 나지 않도록 해야 한다.
⑥ 네일살롱 내부 최적 온도는 18도씨를 기준으로 ±2도씨 범위로 하고 습도는 40~70%를 유지한다.
⑦ 애완동물(강아지, 고양이, 새 등) 네일살롱 내로 들여서는 안 된다.
⑧ 폐기용품은 뚜껑이 있는 쓰레기통에 담는다.
⑨ 크림이나 연고 등은 스파출라를 사용해 용기에서 덜어내어 사용한다.
⑩ 모든 물품들은 보관함에 비치하고 뚜껑을 덮어 둔다.

## ③ 소독법

고객을 응대하는 과정에서 살롱내부의 설비 및 도구를 위생적으로 취급하지 않으면 네일 아티스트와 고객은 감염의 위험에 노출될 수 있다.

네일살롱은 다양한 고객이 동시에 이용하는 공간으로서 예상하지 못하는 도구, 약품, 감염 고객 등의 감염인자로 부터 질병 및 안전사고가 발생할 수 있기 때문에 질병을 예방하고 고객과 네일 아티스트의 건강을 지키는데 힘써야 한다.

소독은 인체에 유해한 질병을 발생시키는 세균 및 바이러스, 곰팡이류가 인체에 해를 끼치지 않도록 네일살롱의 환경을 위생적으로 관리하는 과정을 의미한다.

## 1) 소독(Disinfection) 방법

### (1) 자연적 소독법

자연적으로 소독하는 방법으로 자외선에 의한 수분제거(건조작용)로 소독효과가 있다.

### (2) 물리적 소독법

이학적인 방법으로 약제를 사용하지 않는 방법으로 고열이나 저온, 빛, 초음파, 방사선을 이용하는 방법으로 네일살롱에서 적용 가능한 소독법으로 건열, 습열, 자외선 소독, 화학약품 사용 등이 있으며 소독제로 포말디하이드(Formaldenhyde), 알코올(Ethyl), 크레졸, 페놀 등과 함께 소디움하이포클라이트(Sodium Hypochlorite: 가정용 표백제) 등을 사용하며 소독을 위한 건식용, 습식용 및 전기를 이용한 소독기를 이용한 방법을 적용한다.

- 습식용 소독기(Wet Sterilizer): 습식용 소독 용기는 모양과 크기가 매우 다양하다.
- 건식용 소독기(Cabinet Sanitizer): 연막 소독제를 이용하여 질병을 발생하게 하는 균들을 사멸하게 하는 방법으로 사용하는 소독제의 가스가 소독기 밖으로 빠져나가지 못하도록 밀폐시키는 것이 중요하고 연막 소독제는 관련 기관으로부터 승인을 받은 제조 회사의 지침서를 반드시 지켜 적용해야 한다.
- 전기식 소독기(Electric Sanitizer): 적용하고자 하는 제품 및 도구를 습식용 소독기에 선처리 후 자외선 소독기를 이용하면 효과적이다.

① 건열 소독

높은 열을 이용하여 160~170℃에서 1~2시간, 180℃에서 20분간 가열하는 방법으로 물을 사용하면 안 되는 유리제품, 도자기류, 솜, 거즈, 의료기구 등에 적용하는 방법이다.

- 화염 살균법

알코올램프, 천연가스의 화염을 이용하여 물체 표면의 미생물을 직접 태워 살균하는 방법으로 금속기구, 유리기구, 도자기류 등의 살균에 사용한다.

- 건열 멸균법

건열멸균기(dry oven)를 이용하여 165~170℃에서 1~2시간 동안 멸균하는 방법으로 수분이 침투하기 어려운 바세린, 글리세린 등의 멸균 및 유리기구, 금속기구, 도자기류, 주사기, 분말 등의 멸균에 주로 이용한다.

- 소각법

병원체의 원인 대상물에 불꽃을 이용하여 직접 태우는 방법으로 제1군 감염병 환자의 배설물 또는 객담이 묻은 휴지, 동물의 사체 등에 가장 적합한 소독방법이지만 환경오염을 유발할 수 있는 단점이 있다.

② 습열 소독

- 자비(열탕)소독법

100℃의 끓는 물속에서 20~30분간 가열하는 방법으로 유리제품, 스테인리스 용기, 도자기류, 타월 등에 적용하는 소독법으로 끓는 물에 탄산나트륨 1~2%를 넣으면 살균력이 강해지지만 아포형성균, B형 간염 바이러스는 완전 멸균이 어렵다.

- 간헐멸균법

100℃의 유통증기 속에서 30~60분간 멸균시킨 다음 20℃ 이상의 실온에서 24시간 방치하는 방법을 3회 반복하는 멸균법으로 아포(Spre)를 형성하는 미생물을 멸균시킬 수 있다.

- 고압증기 멸균법

100~135℃의 고압증기 멸균기를 이용하여 소독하는 방법으로 포자를 형성하는 세균을 완전 멸균하지만 수증기가 통과하므로 용해되는 물질은 멸균할 수 없으며 의류, 거즈, 고무제품, 미용도구 등에 적용가능하다.

### (3) 화학적 소독법

소독을 목적으로 사용되는 약재를 이용하여 세균을 제거하는 방법으로 경제적이고 효율성이 높아서 네일살롱 및 피부미용실에 많이 적용하지만 병원성 아포를 사멸하지 못하고 성장을 억제하는 역할을 한다. 사용하고 남은 약품은 반듯이 밀봉하고 라벨로 표기하여 냉암소에 보관한다.

- 석탄산(페놀)

조직에 독성이 있어 인체에는 적용하지 않고 소독제의 평가기준으로 사용하며 일반적인 농도는 3~5%의 석탄산에 97%의 물을 희석하여 사용한다. 고무제품, 의류, 가구, 배설물제거, 넓은 공간의 방역용 소독제로 적합하지만 세균 포자나 바이러스에는 작용력이 없는 것이 특징이다.

- 석탄산 계수(Phenol coefficient)

  피검 소독제와 5% 농도의 석탄산을 희석하여 사용하여 장티푸스균에 대한 살균력과 비교하여 각종 소독제의 효능을 표시한 것을 말한다.

$$석탄산계수 = \frac{소독액의\ 희석배수}{석탄산의\ 희석배수}$$

- 크레졸

석탄산에 비해 2배의 소독력이 있으며 물에 잘 녹지 않는 특징을 가지고 있다.

페놀화합물로 3%의 수용액을 주로 사용(손 소독 시 1~2%)하고 손, 오물, 배설물 등의 소독 및 이·미용실의 실내소독용으로 사용한다.

- 역성비누

양이온 계면활성제의 일종으로 세정력은 거의 없으며 살균작용이 강해 수지·기구·식기 및 손 소독에 적용하며 냄새가 거의 없고 자극이 적은 것이 특징으로 일반비누와 혼용할 경우 살균력이 없어지므로 주의해서 사용하는 것이 바람직하다.

- 에탄올(에틸알코올)

탈수 및 응고작용에 의한 살균작용으로 70%의 에탄올이 살균력이 가장 강력하지만 포자 형성 세균에는 살균효과가 없다. 주로 칼, 가위, 유리제품 등의 소독에 적용한다.

- 포르말린

포름알데히드 36% 수용액으로 약물소독제 중 유일한 가스 소독제이며 수증기를 동시에 혼합하여 사용한다. 포르말린은 온도가 높을수록 소독력이 강해지는 특징이 있어 무균실, 병실, 실내 공간 등의 소독 및 금속제품, 고무제품, 플라스틱 등의 소독에 적합하다.

- 과산화수소

3%의 과산화수소 수용액 사용해 살균·탈취 및 표백에 적용하며 일반세균, 바이러스, 결핵균, 진균, 아포에 효과가 있으며 피부 상처 부위나 구내염, 인두염 및 구강세척제 등에 사용한다.

### (4) 소독약의 이상적인 조건

① 안전성이 있어야 한다.
② 용해성이 높아야 한다.
③ 가격이 저렴하고 사용방법이 편리한 것이 좋다.
④ 침투력이 강해야 한다.
⑤ 인체에 작용이 경미해야 한다.
⑥ 부식성과 표백성이 없어야 한다.
⑦ 방취력이 우수해야 한다.

# CHAPTER 04 네일 살롱과 미생물

## ① 네일과 미생물

미생물은 크기가 매우 작아 눈으로 볼 수 없어 현미경으로 관찰 가능한 작은 생물로 생태학적으로 동·식물의 사체를 분해하거나 다양한 질병을 일으킬 수 있는 원인이 되기도 한다. 네일 관리는 적절한 위생 대책을 세워 관리해야 하는 시술로서 고객과의 상호 접촉을 통해 발생할 수 있는 박테리아, 진균, 기생충, 바이러스 감염 등을 예방해야 한다.

이러한 상황별 대응을 통해 네일 아티스트는 단순한 염증, 네일을 탈락할 수 있는 진균, 생명까지도 위협하는 AIDS(에이즈) 등과 같은 원인균으로부터 고객과 자신을 보호하기 위한 예방법과 미생물의 감염 경로를 파악하고 대처할 수 있도록 해야 한다.

### 1) 박테리아(세균. Bacteria)

단세포 생물로 바이러스와 리케차를 제외한 작은 생명체로 온도, 습도, 산소, 산도, 음식, 시간 등의 적절한 작용을 통해 생존과 증식이 이루어지며 물, 공기, 먼지, 부패물, 피부, 인체 분비물, 의복, 신발, 작업대, 기구, 네일 등 모든 곳에 존재하며 네일살롱의 오염된 도구 및 기구, 고객으로부터 어떠한 상황에서든지 빠르게 전염되는 특징을 가지고 있다.

박테리아는 종류와 모양에 따라 둥근모양(구균), 막대모양(간균), 나선형(나선균)으로 구분한다.

### (1) 박테리아의 분류

① 병원성박테리아

병원성 세균(bacteria)은 질병을 일으키는 것으로 박테리아의 약 30% 정도를 차지하며 대 부분의 세균은 무해하거나 상황에 따라 이롭기도 하지만, 일부 세균은 인체로 침입해 번식하고 독소나 유해물질을 발생 시켜 파상풍, 디프테리아, 매독, 장티푸스 등 질병의 병원체로 질병을 전염시키므로 네일살롱과 같이 대중들을 대상으로 서비스를 제공하는 영업장소에서 철저한 위생을 유지해야 하는 이유가 이 병원성 박테리아(세균) 때문이다.

② 비병원성박테리아

박테리아의 70%를 차지하는 비병원성 박테리아는 물질을 부패시키거나 분해하는 작용을 하고 인체의 구강과 장기 내에 서식하며 음식물을 분해하여 소화 작용을 돕는 등 인체에 무해하거나 유익하다.

## (2) 박테리아 형태에 따른 분류

① 구균(코커스: coccus)

둥근 형태를 가진 세균으로 병원성을 지니고 있으며 배열에 따라 홀로 존재하는 단구균, 두 개씩 모여 있는 쌍구균, 연쇄상으로 모여 있는 연쇄상 구균, 포도송이처럼 모여 있는 포두상구균 등이 있으며 고름을 발생시키는 화농성 유기체이다.

- 포도상 구균(스타필로코커스: Staphylococcus)

자연계에 널리 퍼져 있는 세균으로 무리지어 서식하며 종양, 종기, 농포 등 주로 국부적인 감염 형태로 나타나고 화농 또는 창상감염의 원인이 되어 폐렴, 패혈증, 류마티스, 피부 감염 등을 일으키게 하는 황색포도상구균(Staphylococcus aureus)이 이에 속한다.

황색포도상구균은 면도를 하거나 손톱, 발톱을 관리 할 때 피부 손상으로 인한 상처를 통해 피부 침투가 이루어지므로 네일살롱에서 특히 주의해야 한다.

- 연쇄상 구균(스트렙토코커스: Streptococcus)

포도상구균과는 대조적으로 하나의 축을 따라 세포 분열이 일어나 사슬의 형태로 성장하며 성홍열을 발생시키는 화농성연쇄상구균(Streptococcus Pyogenes)으로 인해 분홍색 발진이 발생하며 전신에 패혈증, 류마티즘이 발생한다.

- 쌍구균(디플로코커스: Diplococcus)

2개의 균체가 쌍으로 모여 있으며 폐렴을 발생시키는 폐렴구균(Streptococcus Pneumoniac)이 해당 된다.

② 간균(바실루스: Bacillus)

가장 흔한 균으로 짧은 원통형 및 막대 모양을 이루고 있으며 파상풍균(Clostridium Tetanus), 결핵균(Mycobacterium tuberculosis), 인플렌자, 장티푸스, 디프테리아 등을 유발하며 형태에 따라 단간균, 연쇄상간균, 쌍간균 등으로 분류한다.

③ 나선균(스피릴룸: spirillum)

굽어진 형태 또는 긴 나선형으로 세포벽이 얇고 탄성이 있으며 위암의 주요 원인인 헬리코박터 파이로리균과 성병의 일종인 매독균(Treponema pallidum)이 해당 된다.

[ 박테리아의 형태와 배열 ]

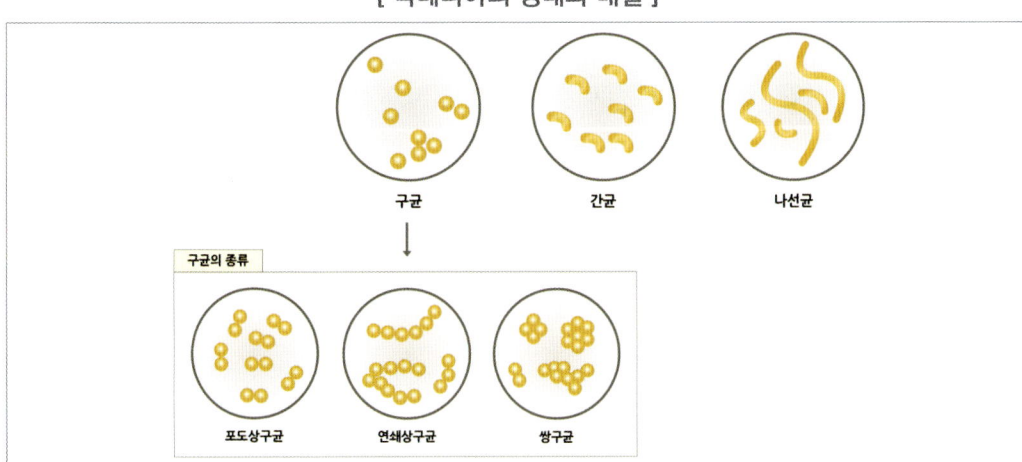

(3) 박테리아의 성장 환경과 번식

- 따뜻하고 어둡고 습기가 많은 곳에서 서식하고 성장 번식한다.
- 위생적이지 않는 도구 및 보관방법에 의해 박테리아의 발생이 촉진된다.
- 영양공급을 통해 일정 크기로 급속도로 성장하며 성체가 되면 유사분열(Mitosis)라고 하고 이 세포들은 계속 성장하여 지속적인 분열을 하는데 한 개의 박테리아는 12시간 내에 1600만 개까지 분열할 수 있다.
- 성장과 번식이 적절하지 못한 조건이 되면 아포(Spre)라는 딱딱한 껍질을 형성하여 휴식 상태에 들어간 후 성장에 좋은 환경을 만나게 되면 번식을 시작하게 된다.
- 박테리아는 쉽게 이동하며 공기나 물에 분산되거나 오염된 물에 붙어서 이동하게 되는데 가는 털을 지닌 간균이나 나선균은 채찍질하는 모션을 통해 추진한다.

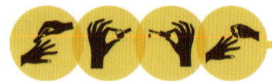

## 2) 바이러스(Virus)

　박테리아(세균)의 크기가 약 400nm인 것에 비해 바이러스는 20~250nm 정도로 매우 작기 때문에 세균을 거르는 여과기를 통과할 수 있으며 건강한 생명체에 기생하여 생활하며 해당 세포가 파괴될 때까지 증식하는 특징을 가지고 있다. 이때 기생하는 생명체를 '숙주(宿主)'라고 하며 바이러스 균체를 '병원체'라고 한다.

　바이러스에 의한 질병으로는 구순염, 대상포진, 홍역, 간염, 독감, 감기, 수두, 우두, 유행성 이하선염, 중증 급성 호흡기 증후군(SARS)과 바이러스 중 가장 치명적인 AIDS(후천성면역결핍증) 등이 있으며 바이러스에 의한 전파는 호흡, 분비물, 혈액 및 상처 등을 통해 숙주로부터 탈출하게 되면서 감염의 원인이 될 수 있음으로 네일살롱의 공동사용도구 및 고객 개인의 용품을 위생적으로 관리함으로 바이러스 감염에 주의해야 한다.

　특히, AIDS(후천성면역결핍증)에 감염된 고객의 큐티클(CUTICE: 손톱 뿌리를 덮고 있는 피부)를 제거하게 되면 니퍼를 통해 바이러스 감염의 원인이 될 수 있음을 숙지하여 출혈방지 및 위생관리의 중요성을 인지해야 한다.

[ 바이러스의 구성 ]

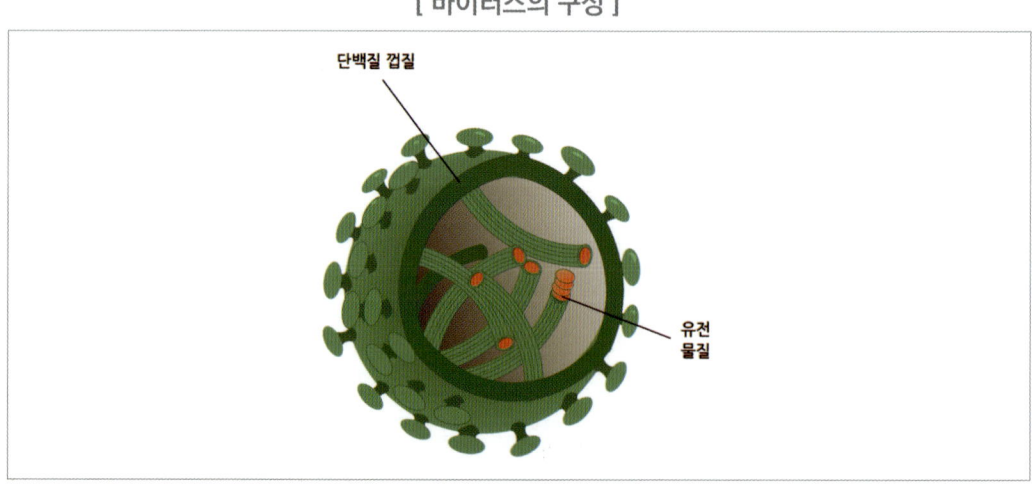

## 3) 진균(펑거스: Fungus)과 사상균(몰드: Mold)

　균체의 구조가 간단한 하등 균으로 동·식물에 기생하여 살아가거나 병원성을 나타내는데 습한 환경이나 음식물, 의복, 신체의 일부 등에 발육 기생하고 균사의 확장 및 분열, 포자의 퍼짐을 통해 전파되며 푸른곰팡이, 털곰팡이 등이 있다.

박테리아에 비해 발육 속도가 느리며 항 세균용 항생제의 항균작용의 영향을 받지 않고 독성이 강해 손·발톱뿐만 아니라 피부 전체에 영향을 미치기도 하는데 진균감염증은 표재성 진균증, 피하성 진균증 및 심재성 진균증으로 구분하며 표재성 진균 감염증은 피부, 모발, 손·발톱에 감염을 일으키며 대체로 만성으로 진행되어 치료에 저항성은 있지만 심부조직까지 영향을 미치지는 않으며 네일 살롱에서 발생할 수 있는 실병으로 네일펑거스(Nail Fungus)와 네일 몰드(Nail Mold)가 있다.

네일 펑거스나 네일 몰드는 위생적 예방법 준수함으로써 피할 수 있지만 네일 펑거스나 네일 몰드에 감염된 네일은 전문의에 진료를 권하는 것이 바람직하며 다만 고객이 자신의 인조 손톱을 제거해 자연 네일을 드러내고자 한다면 위생장갑을 착용하여 시술하고 시술 후 모든 도구 및 시술주변을 적당한 소독방법을 통해 위생 처리해야 한다.

### (1) 진균(네일 펑거스: Nail Fungus)

네일 펑거스는 네일에서 변색이 시작되어 점차 큐티클 쪽으로 퍼져가며 증상의 정도에 따라 감염된 부위가 검은색으로 변색이 되며 전염성으로 인해 네일 미용 시술을 할 수 없다.

### (2) 사상균(네일 몰드: Nail Mold)

적절한 위생관리가 이루어지지 않은 자연 네일 또는 팁(Tip), 랩(Wraps), 젤(Gels), 아크릴릭 네일에 습기가 있는 상태에서 시술 한 경우 발생하는데 황록색 반점으로 시작하여 점점 검게 변하여 퇴색된 곳이 까맣게 변색되는 질병으로 역한 냄새와 네일이 유약해져 결국 탈락하는 현상을 보인다.

## 4) 기생충(Parasite)

다세포의 동물성 또는 식물성 기생균으로 생명체에 기생생활을 하는 무척추동물로, 유기체 표면에 기생하는 진드기, 유기체의 몸 안에 기생하는 연충, 선충류 등으로 분류하며 동물성 기생충인 옴벌레, 식물성 기생충인 버짐으로 분류한다.

질병관리와 예방을 위해 원인 환경과 전파경로를 차단하고 육류, 어패류는 날 것으로 섭취를 하지 않는 것이 바람직하며 채소, 과일은 흐르는 물에 세척 후 섭취하며 개인위생 관리를 철저히 한다.

## 5) 리케차(Rickettsia)

일반 세균보다 크기가 작고 바이러스보다는 큰 조직으로 살아있는 생명체인 곤충 및 절지동물의 세포 내 영양원인 숙주에 의존하여 살아가는 균으로서 인체에 감염되면 발진티푸스, 록키산홍반열(Rocky mountain fever) 등과 같은 질병이 발생하며 리케차가 일으키는 질병의 증상에는 오한, 발열, 두통 등이 있다.

## ② 미생물의 증식 환경

### 1) 영양원

미생물이 증식하기 위해서는 에너지원인 영양원이 필요하게 되는데 유기물질을 생산할 수 있는 균(독립영양균: autotrophic microbes)과 자체 에너지를 얻어 영양원을 공급받는 종속영양균(heterotrophic microbes)의 활동으로 증식하게 된다.

### 2) 수분

미생물은 약 80~90%가 수분으로 이루어져 있고 미생물의 발육과 증식에 중요한 역할을 하게 되는데 상대습도가 낮은 건조한 상태에서는 증식 할 수 없다.

### 3) 산소

산소의 요구량(BOD)에 따라 호기성균, 혐기성균, 통성혐기성균으로 분류 할 수 있다.
- 호기성세균(산소가 있을 때만 성장): 백일해균, 진균, 결핵균, 디프테리아
- 혐기성세균(산소가 없어야 성장): 보툴리누스균, 파상풍균
- 통성혐기성균(산소의 유·무에 관계없이 성장): 대장균, 살모넬라균, 포도상구균

## 4) 온도

미생물의 증식과 사멸 중요한 요소로 미생물이 증식하기에 최적의 온도는 미생물의 종류에 따라 다르며 인체에 감염되는 질병의 원인균들은 사람의 체온과 비슷한 중온성 세균들로 미생물의 발육에 적합한 온도를 분류하면 다음과 같다.

- 저온성균: 16 ~ 20℃
- 중온성균: 30 ~ 40℃
- 고온성균: 50 ~ 65℃

## 5) 수소이온농도(hydrogen ion concentration, pH)

미생물의 활발한 성장 가능 수소이온농도 영역은 pH 4~9로서 젖산균과 같이 낮은 pH내에서 살아갈 수 있는 균을 호산성균(acidophiles)이라고 한다.

## 6) 삼투압(osmotic pressure)

염분과 당분의 농도는 미생물 증식에 많은 영향을 미치게 되는데 미생물의 세포막은 내부에 침투되는 농도를 조절하는 능력이 있다. 세포막 밖의 농도가 높으면 세포막을 통해 수분이 배출되어 원형질 분리현상이 일어나 미생물은 사멸하게 되는데 보통 일반 세균들은 3%의 염분의 농도에 증식을 멈추게 되며 염도를 필요로 하는 호염성 미생물과 당도를 필요로 하는 미생물인 호당성 미생물들이 존재 한다.

# CHAPTER 05　피부학

　인체를 구성하고 있는 피부는 신체의 표면을 둘러싸고 있는 넓은 기관으로 물리적, 화학적인 외부 환경으로 부터 신체를 보호하며 신진대사에 필요한 생화학적 기능을 수행하는 기관으로 적절한 수분과 유분을 함유하고 유지하여야 건강한 피부라고 할 수 있다. 피부의 부속기관인 손·발톱은 피부 상태에 따라 적절한 관리가 필요하고 이에 따른 일반적인 전문지식과 병변, 케어방법 등을 네일 아티스트는 갖추고 있어야 한다.

## ① 피부의 구조

　표피(epidermis), 진피(dermis), 피하조직(subcutaneoustissue)으로 구성되어 있으며 피지선, 한선, 모발, 조갑 등의 부속기관으로 구성되어 있으며 내·외분비기관과 혈관이 분포되어 촉각, 통각, 압각, 냉·온각 등을 감지하고 땀과 피지분비, 체온조절 및 비타민 D를 형성하고 저장하는 등의 다양한 생리적 작용을 한다.

[ 피부의 구조 사진 ]

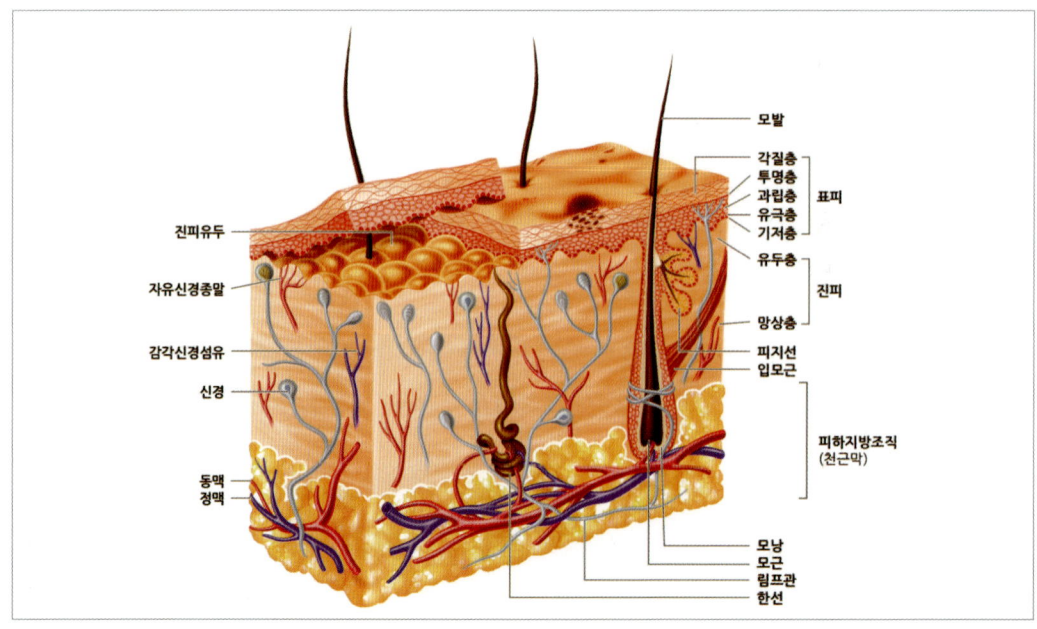

## 1) 표피(epidermis)

피부의 가장 상층부로 약 28일의 각화주기를 갖는 얇은 조직으로 세균 및 유해물질, 자외선과 같은 자극으로 부터 신체 내부를 보호 하며 수분의 손실을 막는 수분 유지 작용을 한다.

### (1) 표피층의 구조

① 각질층(Horny layer)

표피의 가장 상층부로 핵이 없는 죽은 세포로 15~25층으로 천연보습인자를 통해 각질층의 수분량을 결정하고 수분함량은 피부의 탄력성 및 피부 손상방지의 역할과 체내에 침입하는 세균이나 외부 자극, 이물질의 침입으로부터 피부를 보호한다.

② 투명층(Stratum lucidum)

반유동성 물질인 엘라이딘(Elaidin)을 함유한 투명한 세포로 구성되어 있으며 손·발바닥에 주로 분포되어 있으며 빛을 굴절하는 시켜 차단하는 기능과 수분의 침투 및 흡수작용을 조절하거나 막아주는 역할을 한다.

③ 과립층(Granular layer)

"케라틴 단백질이 뭉쳐진 과립형태"의 케라토히알린(keratohyalin)이라는 단백질로 구성되어 있으며 본격적인 각질화 과정이 시작되는 단계이다.

④ 유극층(Spinous layer)

표피 중 가장 두꺼운 층으로 가시층 이라고도 하며 피부의 혈액순환과 영양공급의 역할을 하며 젊을수록 유극층의 두께가 두꺼운 특징을 가지고 있고 세포 내 림프액을 통해 노폐물 배출과 면역과 관련된 중요한 역할을 한다.

⑤ 기저층(Basal layer)

표피의 가장 아래쪽에 존재하며, 각질형성세포와 멜라닌 세포가 4:1~10:1의 비율로 구성되어 있

고 진피의 혈관과 림프관을 통해 영양분을 공급받는다.

### (2) 표피의 구성세포

① 각질형성세포(keratinocyte)

표피를 구성하는 세포로 기저층에서 발생하며 세포 구성의 90% 이상을 차지하고 각질층까지 분열의 과정을 거치며 이동하여 각질층에서 탈락하는 과정을 반복한다.

② 색소형성세포(melanocyte)

피부색을 결정하는 멜라닌색소 세포를 생산시켜 피부색을 결정하고 자외선을 흡수, 반사시켜 피부를 보호한다.

③ 랑게르한스세포(Langerhans cell)

면역을 담당하는 면역세포로 림프가 흐르는 기저층과 유극층 내에 존재하며 구강점막, 식도, 모공 한선, 림프절 등에 주로 분포한다.

④ 머켈세포(Merkel cell)

신경세포와 연결되어 촉각을 감지하며 감각에 관여하는 세포이다.

## 2) 진피(Dermis)

진피는 표피와 연결된 치밀한 결합조직으로 피부의 약 90%를 차지하는 실질적인 피부로 표피와 상호작용을 통해 피부의 두께와 주름을 결정하며 체온 조절의 기능 및 감각에 대한 감각 수용체 역할을 한다.

섬유 간 물질이 갖는 섬유상 구조물로 교원섬유와 탄력섬유가 그물 모양으로 쌓여져 있고, 그 사이는 기질로 채워져 있으며, 혈관, 림프관, 신경, 피지선, 한선, 털 등의 피부 부속기관들로 피부를 유지하는데 중요한 기능을 수행한다.

## (1) 진피층의 구조

① 유두층(Papillary layer)

유두모양의 돌기를 형성하고 있으며, 모세혈관을 통해 표피층에 존재하는 기저층에 영양 공급 및 산소공급을 하고 피부의 탄력 및 유연성을 담당하며 교원물질이 물결 모양으로 배열된 결합조직이다.

- 망상층(Reticular layer)

망상층은 진피의 80% 이상을 차지하며 뚜렷한 경계가 없고 섬유단백질인 탄력섬유와 교원섬유로 이루어진 결합조직으로 그물 형태를 이루고 있으며 한선, 피지선, 혈관, 신경 등이 분포되어 있다. 교원섬유인 콜라겐과 탄력섬유인 엘라스틴 사이로 기질이 채워져 있고 탄력과 팽창의 신축성이 우수하여 피부 처짐을 막아주는 역할을 한다.

② 진피의 구성세포

- 섬유아세포(Fibroblast)

방사형 또는 방추형으로, 교원섬유와 탄력섬유, 기질을 생산하는 역할을 하며 기저세포에 영향을 주어, 영양 공급, 노폐물 배설, 감각 등의 기능을 수행한다.

- 대식세포(Macrophage)

면역을 담당하는 식균세포로 모든 조직에 분포하며 노폐물, 세균, 노화세포 등을 제거하는 대형 아메바성 식세포이다.

- 비만세포(Mast cell)

염증과 두드러기 등의 알레르기 반응을 일으키는 면역 담당 세포로 진피의 모세혈관 주변에 존재한다.

③ 진피의 구성물질

- 교원섬유(콜라겐-Collagen fibers), 탄력섬유(엘라스틴-Elastin fibers), 기질(Ground fibers)로 구성되어 있다.

## 3) 피하조직(Subcutaneous tissus)

피부 밑 조직으로 벌집 모양의 지방세포들이 영양과 에너지를 보관하고 외부로부터 충격을 흡수하여 내부 기관을 보호하고 외부의 온도 변화로부터 체온 유지 및 보호 역할을 한다.

## ② 피부의 생리적 기능

### 1) 보호기능

물리적인 자극으로부터 표피의 각질과 진피층의 탄력성 및 피하조직의 완충작용을 통해 외부의 마찰, 충격 등으로부터 피부를 보호하며 피부 표면의 세균 번식 억제 및 살균작용을 한다.

### 2) 분비기능 및 배설기능

한선과 피지선을 통해 땀과 피지를 분비하고 땀은 대부분 피부 표면에서 증발하여 체온 조절에 도움을 주며 피지는 피지막을 형성하여 과다한 수분 증발을 막아 수분량을 일정하게 유지할 수 있도록 한다.

### 3) 흡수기능(경피 흡수)

피부는 체내에 무분별한 이물질의 흡수를 차단하고 필요한 물질을 투과시키는 흡수작용을 한다. 피부는 지용성물질의 흡수가 용이하며 물질의 종류 및 피부의 습도, 피부의 온도, 환경에 의해 영향을 받을 수 있다.

### 4) 감각기능

외부의 물리적 자극에 의해 의식에 변화가 생기는 것으로 신경을 통해 뇌까지 전달되어 여러 가지 자극을 감지하는 기능으로 냉각, 촉각, 압각, 통각, 온각 등을 감지하는 기능을 한다.

## 5) 호흡기능

사람의 호흡은 99%가 폐를 통해 호흡을 유지하며 피부는 1%의 모공을 통해 산소와 이산화탄소를 교환하며 호흡기능을 수행한다.

## 6) 체온 조절기능

땀 분비를 통해 체온의 조절이 가능하며, 체온이 상승할 경우 모공 확장으로 땀의 분비가 촉진되고 열의 발산으로 체온을 낮추며 일정하게 체온을 유지한다.

## 7) 영양소 저장작용

피하조직 내 지방은 신체의 신진대사에 필요한 수분, 영양분, 지방, 혈액 등을 저장한다.

# ③ 피부의 부속기관

피부의 부속기관으로 손·발톱, 한선, 피지선, 모발 등이 있다.

## 1) 손·발톱

손·발톱은 반투명한 케라틴 성분으로 이루어진 단단한 재질로 손가락이나 발가락을 보호하는 기능이 있으며 영양 상태에 따라 네일 표면이 거칠거나 얇아지는 병변이 발생하기도 한다.

## 2) 모발(Hair)

케라틴이라는 경단백질로 구성되어 있고 외부의 환경(열, 자외선, 냉기, 이물질의 침입, 마찰 등)으로부터 두부를 보호하고 중금속 등의 노폐물을 체외로 배출하는 기능과 함께 전신에 분포되어 있어 외부 자극을 감지하며 체온 조절, 통각, 촉각을 전달하는 감각기능을 수행한다.

### (1) 입모근

    피지선 아래쪽에 있는 불수의근으로 갑작스러운 기후의 변화나 공포를 느낄 때 입모근을 수축시켜 체온 손실을 막아주고, 피지선을 긴장시켜 피지를 분비하는 기능을 한다.

## 3) 한선(땀샘, Sweet Gland)

    진피와 피하지방의 경계부에 위치하고 땀샘의 주변은 모세혈관이 분포하고 있어 혈액으로부터 걸러진 노폐물과 수분을 땀으로 배출하는 역할을 하며 피부 습도 조절, 약산성 보호막 형성, 체온 조절에 중요한 역할을 한다.

### (1) 소한선(에크린선-Eccrine gland)

    에크린 땀샘은 지질, 단백질, 등과 함께 99%의 수분으로 구성되어 있으며 땀의 형태로 노폐물과 수분을 배출하게 하여 체온 조절 및 세균 번식을 억제하는 역할을 한다.
    이때 땀을 체외로 배출하면서 피부표면과 주변 열을 흡수하여 증발하게 함으로 체온을 낮추어 우리 몸의 체온을 일정하게 유지시켜주는 것이다.

### (2) 대한선(아포크린선-Apocrine sweat gland)

    아포크린 땀샘은 사춘기 이후에 성호르몬의 작용이 왕성해지면서 분비선이 발달하여 지방성분이 함유된 땀을 배출하게 된다. 이때 세균이 땀 속의 지방성분을 분해하여 체외로 분비되면서 단백질, 지질 함유량이 많은 땀을 생성하며 특유의 냄새가 발생하는 것이다.

## 4) 피지선(기름샘-Sebaceous gland)

    진피(망상층)에 존재하고 모낭과 연결되며 기름샘이이라고도 하며 남성 호르몬인 테스토스테론의 영향을 받으며 황체호르몬, 식생활, 계절, 연령, 온도 등에 따라 분비량이 달라지며 특히 사춘기 남성에게 많이 분비된다. 얼굴의 T존 부위, 두피, 가슴, 등에 발달 되어 있고 보호 작용, 살균작용, 유화작용, 유독물질 배출작용을 한다.

# CHAPTER 06 골격계

## ① 손·발 뼈의 구조와 기능

뼈는 살아있는 조직으로 세포와 세포간질로 이루어져 있고 단단한 결합조직으로 체중의 약 20%를 차지하며 무기질 45%, 유기질 35%, 수분 20%로 구성되어 있다.

인체를 구성하고 있는 뼈는 총 206개로 체간몸통 뼈대 80개, 팔·다리 뼈대 126개로 관절이라는 형태로 뼈대와 서로 연결되어 인대로 지탱한다.

뼈는 구조나 발생학적으로 구분하여 분류하기도 하지만 대부분은 의학적인 부위별 분류로 적용하는 경우가 많으며 구조별 분류는 긴뼈, 짧은 뼈, 불규칙 뼈, 납작 뼈로 구분한다. 또한 체간몸통뼈대, 팔·다리뼈대는 인체의 중심을 잡아주는 기능과 체중을 받쳐주며 내부 장기 보호를 하는 역할과 활동성을 원활하게 하는 역할을 한다.

[ 뼈의 부위별 분류 ]

| 인체를 구성하고 있는 골격 분류 | | | | 개수 |
|---|---|---|---|---|
| 인체 구성 뼈 (206개) | 체간몸통뼈대 (80개) | 두개골 (29개) | 머리뼈 | 8 |
| | | | 얼굴뼈 | 14 |
| | | | 이소골(귓속뼈) | 6 |
| | | | 목뼈(설골) | 1 |
| | | 척추 (26개) | 경추뼈 | 7 |
| | | | 흉추 | 12 |
| | | | 요추 | 5 |
| | | | 천추 | 1 |
| | | | 미추 | 1 |
| | | | 흉골 | 1 |
| | | | 늑골 | 24 |
| | 팔·다리뼈대 (126개) | 팔뼈 (64개) | 팔이음뼈 | 4 |
| | | | 자유팔뼈 | 60 |
| | | 다리뼈 (62개) | 다리이음뼈 | 2 |
| | | | 자유다리뼈 | 60 |

## 1) 뼈(골)의 기능

뼈는 인체의 가장 기본적인 지주 역할로 인체의 무게를 지탱하게 해주며, 뼈의 근육과 함께 운동 기능을 한다. 내부 장기들을 보호하는 기능과 조혈 작용을 통해 적혈구 및 백혈구, 혈소판을 생산하는 중요한 기능과 함께 인체의 다양한 기능을 수행한다.

[ 뼈의 기능 및 역할 ]

| 기 능 | 역할 및 특징 |
|---|---|
| 지지 기능 | 인체의 외형을 결정하는 가장 견고한 지지층으로 형태를 유지해주고 체중을 지지해준다. |
| 보호 기능 | 외부의 충격으로부터 보호를 위해 뇌, 폐와 심장 등 인체의 장기와 기간을 둘러싸고 있다. |
| 운동 기능 | 뼈, 관절, 골격근의 연결로 뼈에 부착된 근육의 수축을 통해 운동을 일으킨다. |
| 저장 기능 | 칼슘이나 인 등의 무기질을 저장하여 인체가 필요로 할 때 적절하게 공급해준다. |
| 조혈 기능 | 골 안에 연한 조직인 적 골수에서 혈액 세포를 생성하는 기능을 한다. |

## 2) 뼈의 분류

뼈의 구조는 골막으로 둘러싸여져 있으며 골수로 채워져 있다. 부드러운 물질인 골수는 뼈 속을 가득 채우고 있고 아교질 섬유에 의해 골막은 뼈 조직에 붙어 신경이나 혈관 그리고 인대를 보호 하는 역할을 한다. 뼈는 장골(long bone), 단골(short bone), 편 평골(Flat bone), 불규칙골(Irregular bone) 등으로 분류할 수 있다.

① 장골(Long bone): 팔·다리에 있는 긴뼈, 특히 대퇴골과 경골, 요골, 척골, 상완골, 비골 등으로 편평하거나 길고, 짧은 불규칙한 상태로 이루어져 있다,
② 단골(short bone): 짧은 뼈로 움직임은 적으나 지원과 안정성을 제공하는 역할을 하며 수근골, 족 근골에 있는 뼈로 입방체와 같은 형태를 말한다.
③ 편평골(Flat bone): 편평한 뼈로 보호 또는 근육을 부착하기 위한 기능을 하는 얇고 넓적하며 편평한 형태로 구부러져 있는 뼈로 늑골과 두개골 뼈 등이 있다.
④ 불규칙골(Irregular bone): 편평한 형태를 제외한 길고, 짧은 뼈로 관골, 척추에 있는 뼈 등을 말한다.

# PART 01 네일아트 개론

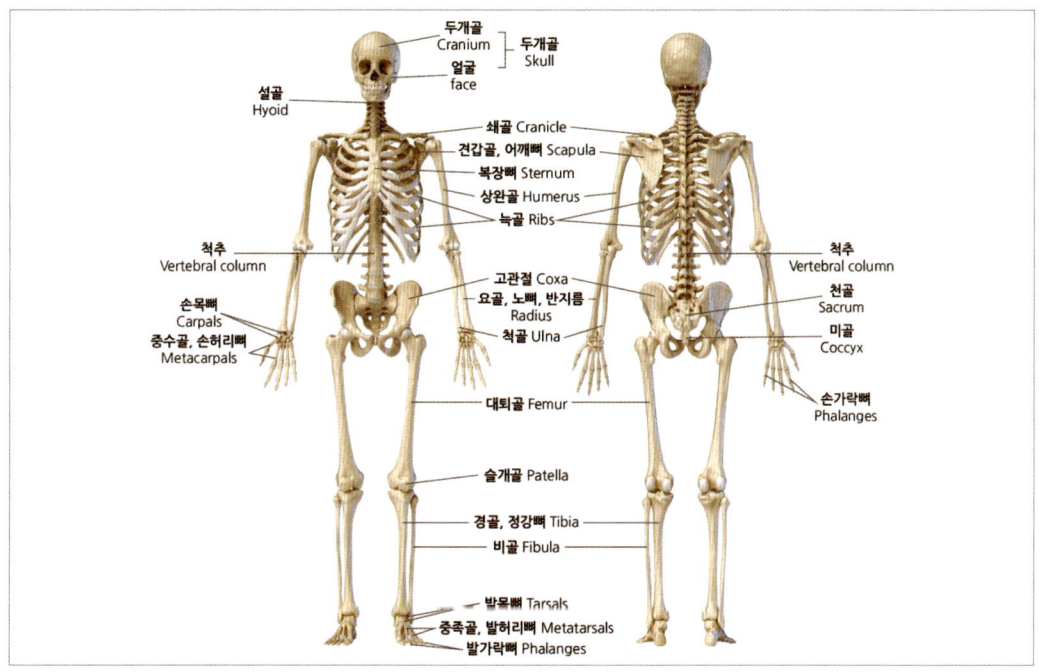

## 3) 골 조직과 골 형성

뼈는 골 기질인 골세포로 이루어진 뼈는 칼슘과 무기질을 포함하고 있다. 무기질은 단백질 섬유로 둘러싸여 있고 탄력성이 있어 결합 조직 중에서 가장 단단하다. 골 조직은 치밀 골 과 해면 골로 구성되어 있으며 대부분 연골과 결합 조직 막에 골화 과정으로 뼈는 길어지고 넓어지며 굵게 성장하여 골격은 인체의 성장에 따라 확장하게 된다.

## 4) 상지골

상지골격은 팔과 손을 이루는 64개의 뼈로 쇄골(clavicle), 견갑골(scapula), 상완골(humerus), 척골(ulna), 요골(radius), 수근골(carpalbones), 중수골(metacarpalbones), 수지골(phalanges)로 이루어져 있으며 손과 손목뼈는 수지골 14개, 중수골 5개, 수근골 8개 총 27개의 뼈로 이루어져 있다.

① 쇄골(clavicle): 긴 막대처럼 보이는 흉골과 견갑골과 관절을 이루어 어깨의 안정성을 도우며 몸통에 직접 연결하여 어깨를 지지하고 팔을 옆으로 움직이는 역할을 한다.
② 견갑골(scapula) : 어깨 또는 날개 뼈라고도 하며 팔과 가슴의 근육의 부착점이 된다.

③ 상완골(humerus): 상지에서 긴 뼈에 해당되며 상지가 어깨에서 회전이 이루어진다.

④ 척골(ulna): 요골과 수근골과 관절을 이루어 손목관절을 구성하고 소지로 연결되는 뼈이다.

⑤ 요골(radius): 손바닥을 전방으로 향했을 때 엄지 쪽에 위치하며 구부리는 기능을 가진 근육인 상완이두근이 부착되어 있다.

[ 손과 손목 뼈 ]

| 종류 | 특징 |
|---|---|
| 수근골<br>몸 쪽 손목뼈<br>손 쪽 손목뼈 | • 한 손에 8개로 작고 불규칙한 형태의 두 줄로 된 손목을 이루는 뼈이며 인대와 결합되어 관절을 이루고 있다.<br>• 근위 수근골: 8개의 수근 골은 2줄로 나란히 있고 주상골, 삼각골, 두상골, 월상골이 있다.<br>• 원위 수근골: 유두골, 대능형골, 소능형골, 유구골 |
| 중수골, 손 허리뼈<br>손바닥 뼈, 손등 뼈 | • 한 손에 5개, 양 손에는 19개의 뼈로 구성되며 한손에 5개의 장골로 이루어진 길고 가느다란 손바닥뼈이다. |
| 수지골, 손가락 | • 한손에는 14개가 있으며 양손 28개로 구성되어 있고 손가락을 이루는 뼈이며 기절골 5개, 중절골 4개, 말절골 5개로 이루어져 있다. |

[ 손의 뼈, 상지 뼈 ]

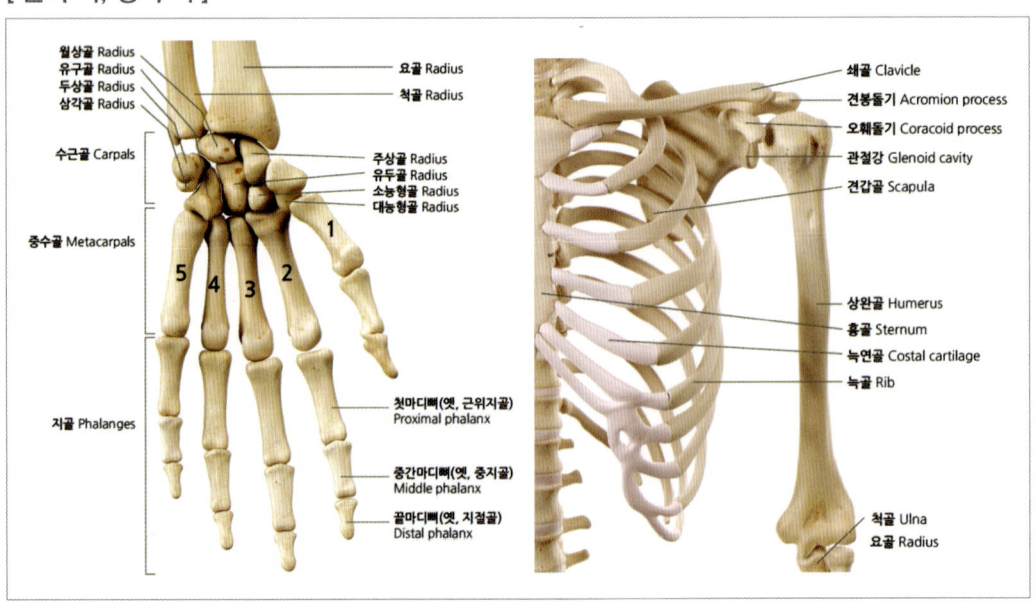

## 5) 하지뼈

하지 뼈는 62개의 뼈로 대퇴, 하퇴와 발로 구성되며 대퇴는 대퇴골로 구성하고, 하퇴는 경골 또는 정강이뼈와 비골로 구성된다. 발은 족근골(Tarsals), 중족골(metatarsals), 지골(phalanges)로 이루어져 있다. 하지 뼈 중 발과 발목의 뼈는 26개로 족지골 14개, 중족골 5개, 족근골 7개로 26개의 뼈로 구성되어 있다.

① 대퇴골(femur): 허벅지에 해당하는 뼈로 인체에 가장 길고 강한 뼈이며 골반과 고관절을 구성하고 하퇴 뼈와 슬관절을 구성하고 가장 무거운 뼈에 해당 된다.
② 슬개골(patella): 역삼각형의 모양으로 납작한 뼈로 무릎을 지나가는 건 내외 위치한다.
③ 경골(tibia): 하퇴부를 지탱하는 뼈에 해당되며 대퇴골과 관절을 이루어 무릎을 구성하고 정강이뼈로 체중을 지지한다.
④ 비골(fibula): 경골 외측의 가는 뼈로 비골의 근위 말단은 경골에만 관절하고 종아리 바깥쪽에 위치하여 근육이 생기는 공간을 확보한다.

[ 발뼈구조 ]

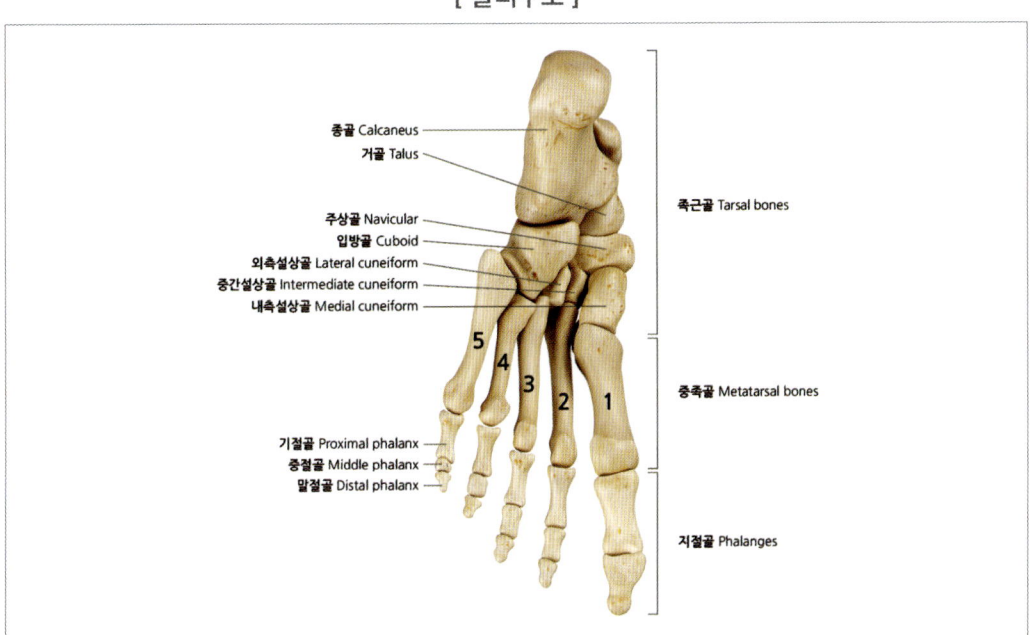

[ 뼈(발과 발목의 뼈) ]

| 종류 | 특징 |
|---|---|
| 족지골(발가락뼈)<br>phalanges | • 발가락을 구성하는 14개의 뼈이며 엄지발가락에 2개와 나머지에는 3개씩 총14개로 기절골, 중절골, 말절골로 이루어져 있다. |
| 중족골(발 허리뼈)<br>metatarsals | • 5개의 중족골로 구성되어 있으며 발의 볼은 원위말단 부위로 형성되고 족근골, 중족골과 관련된 건과 인대는 족저궁을 이룬다. |
| 족근골(발목뼈)<br>tarsals | • 7개의 족근골은 족관절을 이루며 족근골의 가장 큰 위부 뼈는 거골이며 결골과 비골과 관절을 이룬다. 인체의 체중을 지지하는 뼈이다. |

## ② 손·발의 근육조직과 기능

### 1) 근육의 형태와 기능

근육의 형태는 3가지로 구분된다. 골격근(뼈대근), 평활근(내장근), 심근(심장근)으로 이루어져 있다. 약 650여 개의 근육으로 이루어져 있고 수축과 이완을 할 수 있는 근 섬유로 이루어진 조직이며 인체의 움직임과 운동에 관여한다.

### (1) 골격근(skeletal muscle)

줄무늬가 있고 수의적이며 대부분 골격에 부착되어 있어 골격근이라고 한다. 자신의 의지대로 움직일 수 있으므로 수의근이라고도 하며 신체의 자세 유지 기능, 관절의 안정성, 체온 유지 기능을 수행한다.

### (2) 평활근(smooth muscle)

내장근이라고도 하며 줄무늬가 없고 자율신경계의 조절을 받아 자신의 의지와 상관없이 작용하므로 불수의근이라고 한다. 내장 내에 분포되어 있으며 소화기관, 요도, 위 등에 많은 내장장기에 분포되어 있어 기관의 기능을 수행하는 것을 도와준다.

## (3) 심근, 심장근(cardiac muscle)

줄무늬가 있으며 불수의 적이고 심장의 근육에만 분포되어 있다. 자율신경의 조절을 받아 자신의 의지와는 상관없이 자동적으로 움직이는 불수의근이며 심장의 펌프기능에 관여한다.

[ 상지근육 및 손의 근육 ]

| 종류 | 특징 |
|---|---|
| 승모근 trapezius | • 후방에 있는 목과 어깨에 부착한 근육이며 머리를 숙이게 하는 흉쇄유돌근 근육과 반대로 작용한다. |
| 상완 근육 brachialis | • 삼각근, 견갑오목근, 오훼완근, 상완이두근, 상완삼두근 전완과 손을 움직이는 근육이다. |
| 전완 근육 Muscles of the foream | • 손목과 손가락 운동에 관여하며 19개로 대부분 전완의 근육으로 긴 힘줄이 손의 뼈에 부착되어 있다. |
| 회내근 pronator | • 손등을 위로 향하게 하고 손을 안쪽으로 돌려주는 근육이다. |
| 회외근 supinator | • 손바닥이 위로 향하며 손등을 바깥쪽으로 돌려주는 근육이다. |
| 굴근 flexor | • 손가락과 손목을 굽히는 근육으로 손을 내외향에 작용하는 근육이다. |
| 신근 extensor | • 신전 작용을 하는 근육으로 손목을 움직이며 손가락을 벌리고 펴게 하는 근육이다. |
| 외전근 abductor | • 손가락이 붙지 않게 벌리는 근육이다. |
| 내전근 adductor | • 손가락이 서로 붙게 모으는 근육이다. |
| 대립근 opponent | • 물건을 잡을 때 사용하는 근육으로 엄지를 소지방향으로 향하게 한다. |

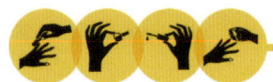

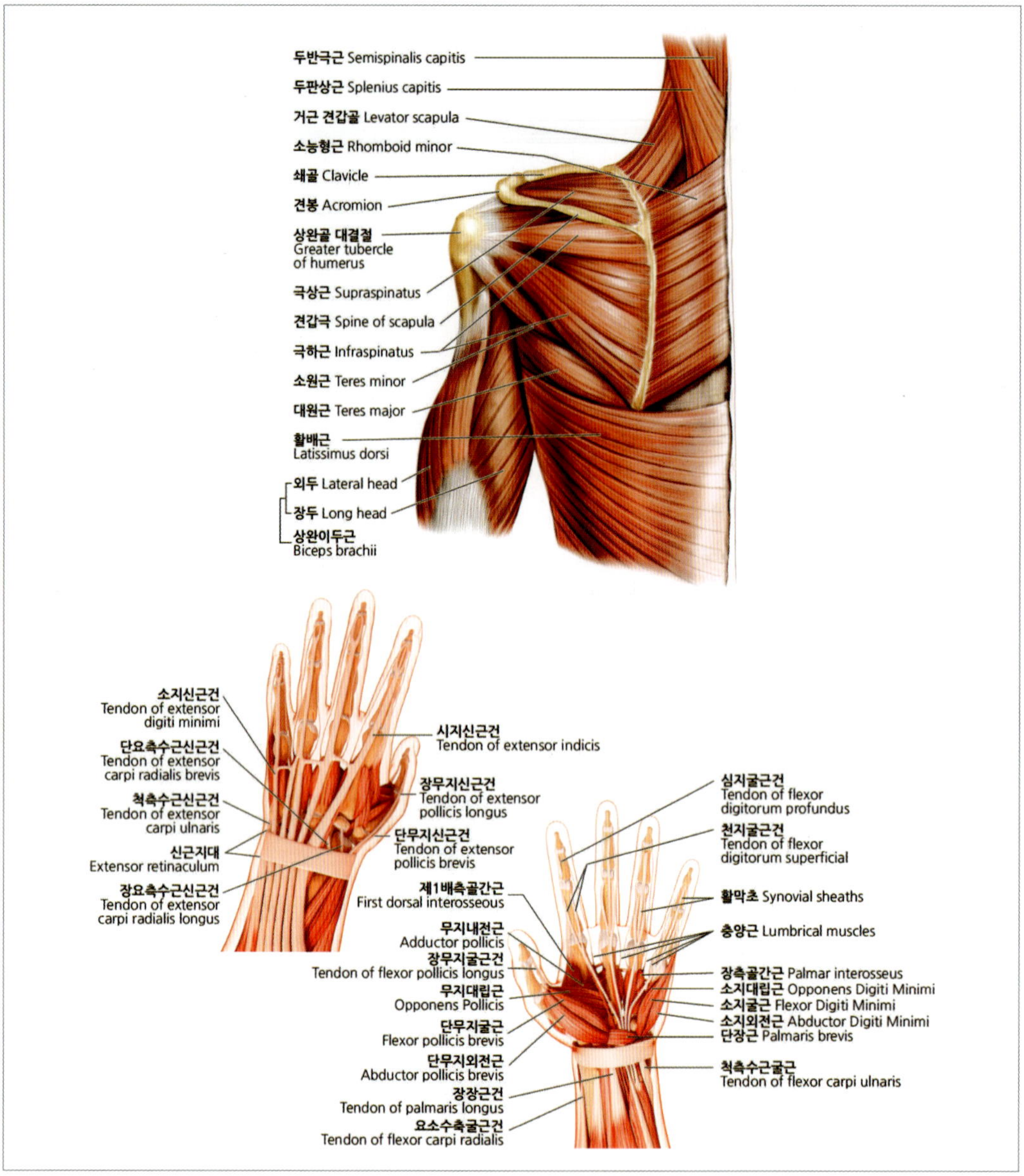
두반극근 Semispinalis capitis
두판상근 Splenius capitis
거근 견갑골 Levator scapula
소능형근 Rhomboid minor
쇄골 Clavicle
견봉 Acromion
상완골 대결절
Greater tubercle
of humerus
극상근 Supraspinatus
견갑극 Spine of scapula
극하근 Infraspinatus
소원근 Teres minor
대원근 Teres major
활배근
Latissimus dorsi
외두 Lateral head
장두 Long head
상완이두근
Biceps brachii
소지신근건
Tendon of extensor
digiti minimi
단요측수근신근건
Tendon of extensor
carpi radialis brevis
척측수근신근건
Tendon of extensor
carpi ulnaris
신근지대
Extensor retinaculum
장요측수근신근건
Tendon of extensor
carpi radialis longus
시지신근건
Tendon of extensor indicis
장무지신근건
Tendon of extensor
pollicis longus
단무지신근건
Tendon of extensor
pollicis brevis
제1배측골간근
First dorsal interosseous
무지내전근
Adductor pollicis
장무지굴근건
Tendon of flexor pollicis longus
무지대립근
Opponens Pollicis
단무지굴근
Flexor pollicis brevis
단무지외전근
Abductor pollicis brevis
장장근건
Tendon of palmaris longus
요소수측굴근건
Tendon of flexor carpi radialis
심지굴근건
Tendon of flexor
digitorum profundus
천지굴근건
Tendon of flexor
digitorum superficial
활막초 Synovial sheaths
충양근 Lumbrical muscles
장측골간근 Palmar interosseus
소지대립근 Opponens Digiti Minimi
소지굴근 Flexor Digiti Minimi
소지외전근 Abductor Digiti Minimi
단장근 Palmaris brevis
척측수근굴근
Tendon of flexor carpi ulnaris

[ 하지근육 및 발의 근육 ]

| 종류 | 특징 |
|---|---|
| 대퇴사두근<br>quadriceps femoris | • 대퇴의 전면과 측면을 덮는 크고 강력한 근육으로 하퇴를 신전 하거나 똑바로 서게 한다. |
| 봉공근 satorius | • 인체에서 가장 긴 근육으로 골반과 경골 안쪽까지 내려가며 다리를 회전할 때 작용한다. |
| 슬굴곡근 hamstrings | • 햄스트링(hamstring)이라 하고 대퇴의 뒷면에 위치하며 경골까지 연결하여 다리를 구부릴 수 있게 한다. |
| 전경골근<br>tibialis anterior | • 족관절과 발을 움직이게 하는 근육으로 전면에 위치하며 굽히는 작용을 한다. |
| 장비골근<br>peroeus longus | • 하퇴의 외측 면에 부착하며 발의 외반과 족저궁을 지지하는 근육이다. |
| 단비골근<br>peroeus brevis | • 발을 굽히거나 바깥쪽으로 회전할 때 작용한다. |
| 비복근<br>gastrocnemius | • 하퇴의 후면에 위치하며 종아리 근육을 형성하는 근육으로 발의 족저굴곡에 해당된다. |
| 슬와근 soleus | • 비골 상부에 위치하여 바닥으로 발을 굽히거나 서 있는 것을 유지하는 근육이다. |
| 충양근 / 벌레근<br>lumbricales | • 발가락을 굽히거나 펼 때 움직이는 근육이다. |
| 단무지굴근<br>짧은 엄지굽힘근<br>Flexor hallucis brevis | • 입방골의 족척 면에 위치하며 무지의 기절골 굴곡에 작용하고 발가락을 굽히는 근육이다. |
| 무지내전근 /<br>엄지모음근<br>adductor hallucis | • 엄지발가락의 첫마디 뼈로 바닥의 바깥면에 위치하며 엄지발가락을 모으거나 굽히는 근육 |

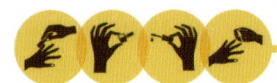

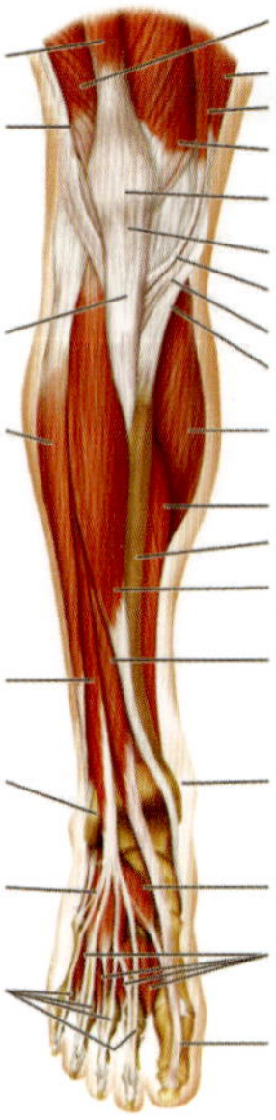

대퇴직근 Rectus femoris
장경인대 Iliotibial tract
경골조면 Tuberosity of tibia
장비골근 Fibularis longus
장지신근
Extensor digitorum longus of foot
비골 Lateral malleolus
제삼비골근 Fibularis tertius
장지신근건
Extensor digitorum longus of foot
외측광근 Vastus lateralis
대퇴박근 Gracilis
봉공근 Sartorius
내측광근 Vastus medialis
슬개골 Patella
슬개인대 pateller ligament
봉공근건 Tendon of sartorius
대퇴박근건 Tendon of gracilis
반건양근건 Tendon of semitendinosus
거위발
Pes anserinus
비복근 Gastrocnemius
비장근 Soleus
경골 Tibia
전경골근 Tibialis anterior
장모지신근 Extensor hallucis longus
내측복사골 Medial malleolus
단모지신근 Extensor hallucis brevis
배측골간근 Dorsal interosseous
장무지신근 Extensor hallucis longus


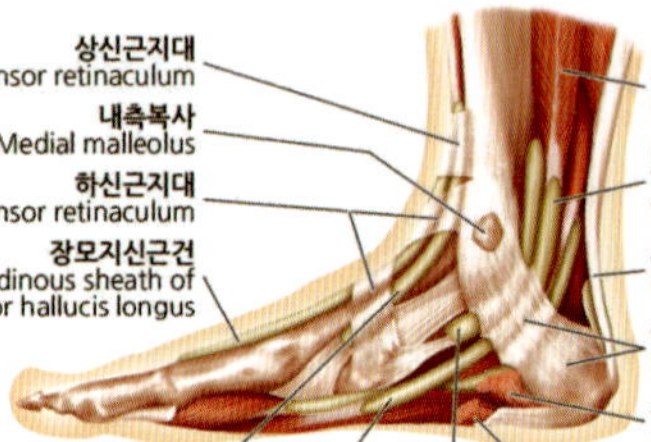

상신근지대
Superior extensor retinaculum
내측복사
Medial malleolus
하신근지대
Inferior extensor retinaculum
장모지신근건
Tendinous sheath of
extensor hallucis longus
전경골근건
Tendinous sheath of tibialis anterior
장지굴근건
Tendinous sheath of
flexor digitorum longus pedis
후경골근건
Tendinous sheath of
tibialis posterior
장지굴근
Flexor digitorum longus
장무지굴근건
Tendinous sheath of
flexor Hallucis Longus
종골건
Calcaneal tendon
굴근지대
Flexor retinaculum of tarsus
무지외전근
Abductor hallucis
단지굴근
Flexor digitorum brevis


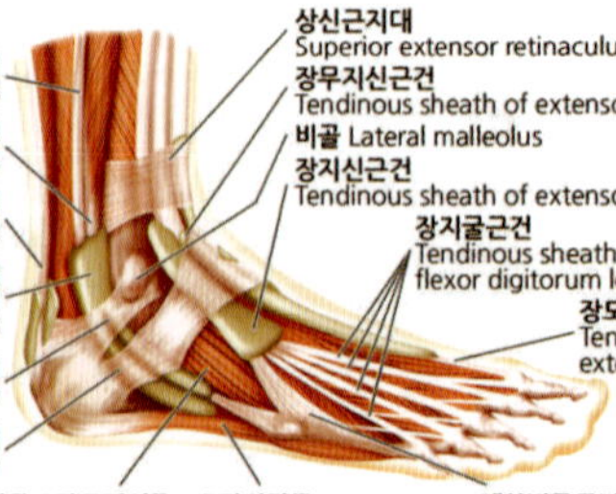

장비골근건
Tendon of fibularis longus
단비골근건
Tendon of fibularis brevis
종골건
Calcaneal tendon
비골건집
Common tendinous sheath of
fibular muscles
상비골근지대
Superior fibular retinaculum
하비골근지대
Inferior fibular retinaculum
단지신근 / 단모지신근
Extensor digitorum brevis /
extensor hallucis brevis
소지외전근
Abductor digiti minimi
제삼비골근건
Tendon of fibularis tertius
상신근지대
Superior extensor retinaculum
장무지신근건
Tendinous sheath of extensor Hallucis Longus
비골 Lateral malleolus
장지신근건
Tendinous sheath of extensor Digitorum Longus
장지굴근건
Tendinous sheath of
flexor digitorum longus
장모지신근건
Tendon of
extensor hallucis longus

## ③ 손·발의 신경조직과 기능

### 1) 신경의 형태와 기능

신경계(nervous system)의 구조는 중추신경계(central nervous system: CNS), 말초신경계(peripheral nervous system)로 나누어진다. 신경계는 자극에 반응하고 인체의 향상성(Homeostasis)을 유지해준다. 신경계는 뉴런(neuron)이라고 불리는 신경세포들로 구성되어있다. 신경세포들로 인체의 내부 및 외부 환경의 변화를 탐지하고 신경자극을 분석한다. 기본단위는 신경세포는 핵과 세포질이 있는 세포체와 세포체에서 뻗어있는 수상돌기(dendrites)와 축삭돌기(axons)로 이루어져 있다. 축삭이 모여 여러 다발을 이루며 가느다란 섬유질로 구성되어 있다.

### (1) 중추신경계(central nervous system)

중추신경계는 뇌(brain)와 척수(spinal cord)로 구성되며 외부로부터의 감각수용기(receptor)에서 받아 중추신경으로 전달하고 다시 인체의 각 부분으로 메시지를 보내고 중추신경의 기능으로는 의식, 감각을 포함한 모든 정신적 작용을 조절하고 오각(시각, 후각, 미각, 청각, 감각) 의 기능을 조절하며, 몸의 움직임과 얼굴의 표정 같은 수의 근육의 조절한다.

① 뇌(brain)

두개골 내에 포함되어 있는 크고 복잡한 신경구조이다. 대뇌, 소뇌, 간뇌, 뇌간으로 나누어져 있으며, 체중의 약 3%를 차지하며 좌우대칭으로 12쌍의 뇌신경이 분포되어 있다.

② 척수(spinal cord)

뇌의 연결되는 긴 관상의 신경중추이며, 척수관(vertebral caral) 내부에 보호를 받고 있다. 31쌍의 신경이 분포되어 있고 대부분 반사작용(reflex)을 조절한다. 원주상의 연한 백색 신경섬유다발로 평균 약 1㎝이며 무게는 약 30g이다.

## (2) 말초신경계(peripheral nervous system)

말초신경계는 신경과 중추신경계 외부에 위치한 신경절로 구성한다. 뇌신경과 척수신경으로 이루어져 있는 말초신경계는 중추신경으로부터 메시지를 받아 반응을 일으키게 된다. 중추신경계 내에서 신경섬유의 다발은 신경로(tract)로 운동신경, 감각신경, 혼합신경으로 분류할 수 있다.

### ① 운동신경(motor nerves)

운동신경원들로만 구성하며, 뇌를 자극하여 근육으로 전달하며 인체를 움직이게 한다. 말, 손의 움직임, 몸의 움직임 등에 관여한다.

### ② 감각신경(sensory nerves)

감각신경원들로만 구성하며, 감각기관으로부터 뇌에 자극이나 메시지를 전달한다.

### ③ 혼합신경(mixed nerve)

감각과 운동신경원 둘 다 구성하며, 대부분의 신경은 혼합신경으로 두 가지의 신경이 함께 이루어지는 것으로 자극에 의해 무의식적으로 작용하게 되는데 신맛을 느끼고 반사작용을 한다.

## (3) 자율신경계(autonomic nervous system)

자율신경계는 불수의근과 심근의 수축 분비선(땀샘, 침샘) 등을 의식적인 지각없이 기능을 조절하여 인체의 항상성을 유지해 준다. 교감신경과 부교감신경이 있어 서로 상반되는 기능을 한다. 자율신경계통의 뉴런은 척수와 뇌줄기에 위치하여 신경전달물질인 아세틸콜린을 분비한다. 자율신경계는 교감신경과 부교감신경으로 구분된다.

### ① 교감신경(sympathetic nerve)

교감신경은 감정변화와 도피의 반응을 조절하며 스트레스나 에너지 소모를 주관하게 된다. 심장 박동을 빠르게 박동시키며 동공확대, 혈관수축, 혈압 상승 등이 교감신경의 반응이다.

② 부교감신경(parasympathetic nerve)

스트레스가 없는 신체의 편안한 상태로 소화계의 조절과 휴식 상태에서 동공 축소, 혈관 확대, 분비선 촉진 등의 작용을 한다.

[ 팔과 손의 신경 ]

| 종류 | 특징 |
| --- | --- |
| 척골신경<br>Ulnar nerve | • 어깨에서부터 손목까지 팔의 안쪽으로 지나가는 신경이다. |
| 요골신경<br>Radial nerve | • 손등과 손가락의 엄지 쪽에 위치한다. |
| 정중신경<br>Median nerve | • 상완에서 굴근에 위치하고 팔과 외측의 손바닥에 전체적으로 위치하고 있으며 상완의 근육 → 팔뚝 → 손가락으로 연결되어 있다. |
| 손가락신경<br>Digital nerve | • 손과 손가락에 분포하고 있으며 손가락 끝 중에 검지손가락에 가장 많이 분포되어 있다. |

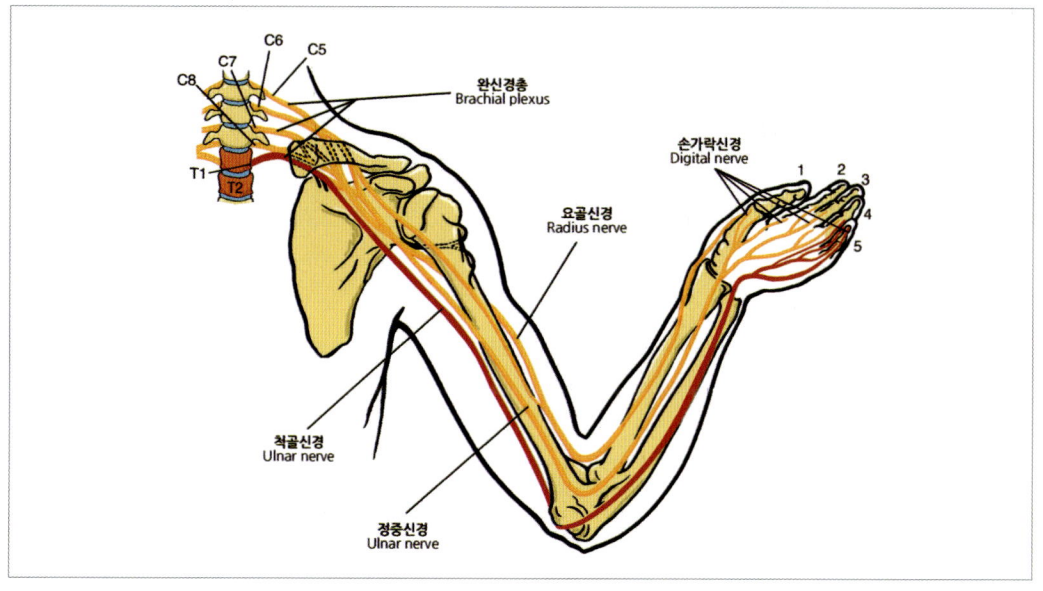

## [ 하부와 발의 신경 ]

| 종류 | 특징 |
|---|---|
| 좌골신경<br>Sciatic nerve | • 다리의 운동과 감각을 맡은 가장 길고 굵은 신경을 말한다. 허리에서부터 대퇴의 뒤쪽을 지나 무릎까지 이르며, 바깥쪽의 총비골신경과 안쪽의 경골신경으로 나뉜다. |
| 경골신경<br>Tibial nerve | • 대퇴와 경골 뒤에 무릎과 장딴지 근육, 다리의 피부와 발바닥과 뒤꿈치, 발가락 밑에 이르기까지 세분화되어 신호를 보낸다. |
| 총비골신경<br>Common peroneal nerve | • 무릎 뒤에 분포하며 좌골신경의 일부분으로 무릎 뒤에서 나뉘어 발과 발가락의 피부에 신호를 보낸다. 신비골신경은 다리 뒷면을 밑으로 통과하고 천비골신경은 비골 앞부분을 통과하여 발과 발가락에 있다. |
| 비복신경<br>Sural nerve | • 발과 다리의 뒷면과 바깥쪽으로 신호는 보내고 종아리 뒤의 바깥쪽을 내려와 발뒤꿈치의 바깥 가장자리에 분포한다. |
| 복재신경<br>Saphenous nerve | • 허벅지에서 발뒤꿈치에 걸쳐 안쪽 피부에 분포하고 있다. |

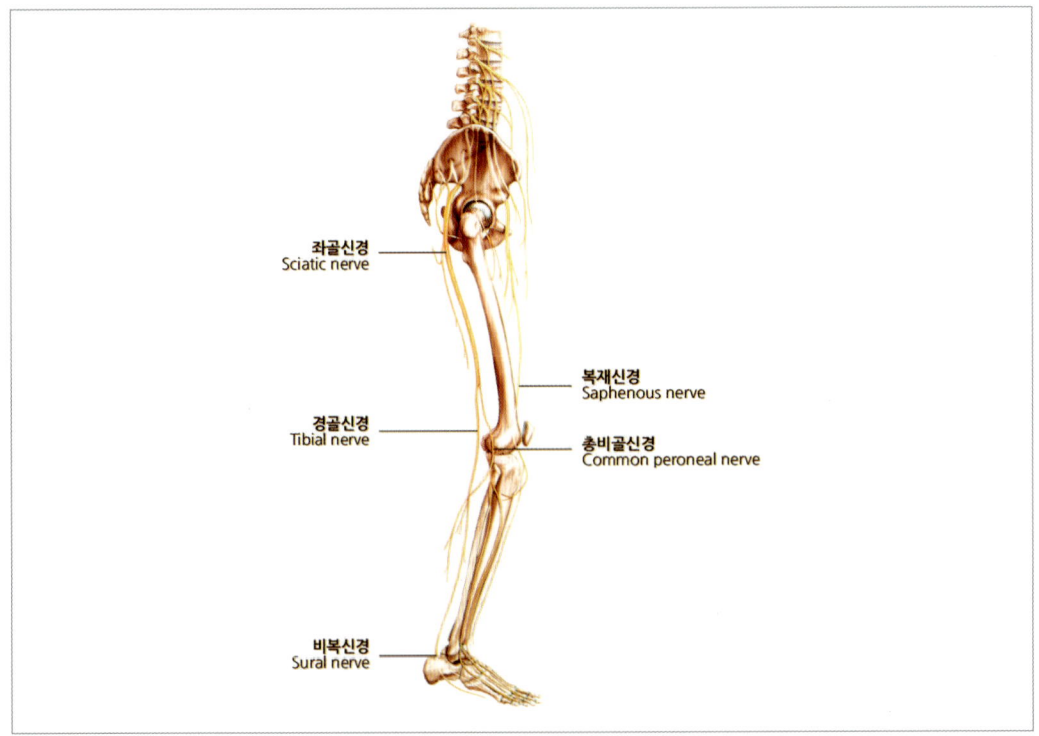

## CHAPTER 07   네일 구조와 병변

### ① 손톱의 형성 및 기능

#### 1) 손톱의 형성

손톱은 모체의 자궁 내에서 수정란이 형성 되면서 시작되며 자궁 내 태아의 손톱(Nail) 형성은 다음과 같다.

| 손톱 발생 시기 | 손톱 형성과정 |
|---|---|
| 8~9주 | • 손톱의 형성은 지골(Phalanx bone) 부위에 표피(Epidermis)의 각질층(corneal layer)과 투명층(lucidal layer)이 각질판으로 변화된다. |
| 10주 | • 지골(손가락 뼈) 끝 부위에 손톱이 생성되어 각질화 된 조직의 골이 평편하게 펴지고 그 주변에 손톱이 자라기 시작한다. |
| 12~13주 | • 손톱의 생장 부위가 완성되는 시기이다. |
| 14주 | • 손톱 생성 부위 접전부로부터 자라나온 손톱을 확인할 수 있다. |
| 17~20주 | • 완전히 성장한 손톱을 확인할 수 있다.<br>• 발톱의 경우 손톱보다 약 10일 정도 늦게 발생된다. |

#### 2) 손톱의 성장

손톱은 Nail Root(손톱뿌리, 조근) 바로 밑에 Nail Matrix(조모, 손톱바탕질)에서 손톱의 생성을 돕는 세포를 발생시키고 성장하는데 손톱의 성장과 모양의 개인차에 따라 다를 수 있다.

손톱은 1일 약 0.1~0.15㎜, 한 달에 약 3~5㎜ 정도의 길이로 성장하지만 손가락을 많이 움직일수록 손가락마다 손톱의 성장 속도가 다르며(중지 > 검지 > 약지 > 소지 > 엄지), 나이와 건강상태, 임신초기보다 임신후반기의 경우, 겨울보다 여름, 남성보다 여성이, 발톱보다 손톱이 빨리 성장한다. 또한 손톱이 완전히 자라서 교체되는 기간은 대체로 5~6개월 정도이다.

## 3) 손톱의 구성성분

손톱은 케라틴(keratin)이라는 경단백질(섬유 단백질)로 구성되어 있으며 건강한 손톱일수록 수분 함량은 15~18%로 표면이 매끄럽고 윤기가 있으며 분홍빛을 나타내게 된다. 케라틴의 주요 구성성분은 글루탐산, 시스틴 등의 아미노산이며, 시스틴의 함유량이 높을수록 손톱을 단단하게 하며 탄소 51.9%, 산소 22.39%, 질소 16.09%, 황 2.80%, 수소 0.82%로 화학적 조성비율로 구성되어 있다.

## 4) 손톱의 기능

① 손톱은 손가락뼈의 손상과 감염 및 외부 환경으로부터 보호한다.
② 손의 감각이 섬세하게 유지되도록 손끝의 감각을 민감하게 하는 데 중요한 역할을 한다.
③ 사물을 긁는 행위 시 외부의 자극으로부터 손가락 끝 부분을 보호한다.
④ 작고 미세한 물체를 집어 올릴 때 도움을 준다.
⑤ 손톱의 색깔, 모양, 두께 등으로부터 몸의 건강상태를 확인할 수 있다.
⑥ 손가락의 손바닥 쪽 부분에 가해지는 압력에 대한 역압을 제공해주는 등의 역할을 한다.
⑦ 개인 식별이 가능하다.
⑧ 미용적인 기능의 중요성을 지닌다.

## 5) 건강한 손톱

① 내구력(유연성과 강도)이 강해야 한다.
② 건강한 손톱의 두께는 약 0.5mm 정도이다.
③ 손톱이 네일 베드에 단단히 고정되어 있어야 한다.
④ 손톱의 형태가 한 방향으로 곧게 뻗어있어야 한다.
⑤ 반투명한 무색을 띠고, 윤기가 있어야한다.
⑥ 표면이 매끄럽고, 둥근 형상의 아치형이어야 한다.
⑦ 세균에 감염되지 않아야 하다.

## ② 네일 구조의 이해

### 1) 네일 구조

네일(Nail)은 손가락, 발가락의 끝마디 부분에 형성되며 손톱(Finger nail), 발톱(Toenail)을 의미하고 얇고 딱딱한 조각으로 손가락 끝부분에 붙어 있으며 손·발 끝 부분을 보호해주는 역할을 한다.

네일 구조는 네일 본체 역할은 하는 네일 외부의 구조(네일 자체)와 네일의 성장에 관여하는 네일 내부구조(네일 밑의 조직) 그리고 병균의 침입으로부터 보호 역할을 하는 네일 주변의 피부 구조로 나누어지고 네일 자체 구조에는 네일 바디(Nail body), 네일 루트(Nail root), 후리에지(Free edge)로 구성되어 있다.

네일 밑 조직에는 네일 베드(Nail bad), 매트릭스(Nail matrix), 루눌라(Lunula)로 구분되어져 있으며, 네일 주변의 피부 구조에는 큐티클(Cuticle), 애포니키움(Eponychium), 네일 그루브(Nail Grooves) 등으로 구분한다.

**[ 네일 외부의 구조(네일 자체)에 따른 각 부의 명칭 및 역할 ]**

| 명칭 | 역할 |
|---|---|
| 네일 바디<br>Nail body<br>Nail plate<br>조체 | • 손·발톱의 부분으로 Nail body, Nail plate 또는 조체라고도 한다.<br>• 죽은 케라틴세포로 구성 되어 있으며 딱딱한 경단백질의 투명한 형태로 여러 개의 각질층으로 이루어져 있다.<br>• 산소를 필요하지 않으며 신경조직과 혈관이 존재하지 않는다.<br>• 네일 베드를 덮고 있어 네일 베드와 손톱 끝을 보호 해주는 역할을 한다. |
| 네일 루트<br>Nail root<br>조근 | • 네일의 근원이 되는 곳으로 손. 발톱의 뿌리 부분에 해당되며 피부 밑에 묻혀있다.<br>• 네일 성장이 시작되는 곳이며 손상되면 네일이 떨어져 나간다.<br>• 모세혈관에서 산소와 영양분을 공급받아 자라며 뿌리에서부터 딱딱해진 세포를 밀어내며 성장한다. |
| 후리에지<br>Free edge<br>자유연 | • 손·발톱의 끝부분으로 옐로 라인 아래부터 네일 끝부분에 해당된다.<br>• 네일 길이를 자르거나 다양한 네일의 모양으로 조절할 수 있다.<br>• 후리에지 끝은 수분 부족으로 건조해지므로 쉽게 갈라질 수 있다. |
| 옐로 라인<br>Yellow line | • 손·발톱의 네일 바디가 네일 베드와 분리되며 노란빛의 얇은 경계라인이다. |
| 스트레스<br>포인트<br>Stress point | • 네일 바디가 네일 베드와 분리되는 양쪽 끝 지점으로 옐로 라인의 경계 지점에서부터 시작된다.<br>• 네일의 모양을 라운드와 오벌 모양을 구분하는 부분이다.<br>• 후리에지에서 받은 외부 충격이 그대로 전달되어 쉽게 찢어질 수 있는 부분으로 인조 네일 작업 시 주위가 필요하다. |

### [ 네일 외부의 구조(네일 밑의 조직)에 따른 각 부의 명칭 및 역할 ]

| 명 칭 | 역 할 |
|---|---|
| 네일 베드<br>Nail bad<br>조상 | • 손·발톱 밑에 있는 피부로 네일 바디를 단단하게 부착될 수 있도록 받쳐 주는 역할을 한다.<br>• 부드러운 조직으로 모세혈관이 있어 핑크빛을 띠고 있다<br>• 네일 바디가 후리에지 방향으로 자라 나갈 수 있도록 도와준다.<br>• 감각 세포와 멜라닌 세포를 포함하고 있으며 손·발톱의 수분 공급을 담당한다. |
| 매트릭스<br>Matrix<br>조모 | • 네일 세포를 생성하여 성장에 영향을 주는 역할을 한다.<br>• 네일 루트 밑에 위치하며 모세혈관과 신경조직을 포함한다.<br>• 네일 구조 중에서 매우 중요한 부분으로 손상이 있을 경우 네일이 비정상적으로 성장할 수 있다. |
| 루눌라<br>Lunula<br>반월 | • 유백색의 반달 모양으로 케라틴화가 덜 되어진 부분이며 외부에서 보여지는 매트릭스로 네일 루트와 네일 베드를 연결해주는 역할을 한다. |

### [ 네일 주변의 피부 구조에 따른 각 부의 명칭 및 역할 ]

| 명 칭 | 역 할 |
|---|---|
| 큐티클<br>Cuticle<br>조소피 | • 네일 바디에 붙어 있는 강한 각질로 에포니키움의 각질화로 생성된다.<br>• 네일 매트릭스를 보호하며 외부 세균의 침입을 차단하여 감염으로부터 네일을 보호한다. |
| 에포니키움<br>Eponychium | • 새로 생성된 네일 바디 바로 위에 위치하며 네일 바디의 시작점에서자라는 피부로 매트릭스를 보호하는 역할을 한다.<br>• 잘못된 도구 사용으로 에포니키움을 심하게 자르거나 밀어 넣으면 매트릭스 보호막이 손상되어 감염에 노출될 수 있다. |
| 하이포니키움<br>Hyponychium | • 네일 베드를 보호하는 역할을 한다.<br>• 옐로 라인 밑에 있는 부드러운 조직 막으로 후리에지 안쪽 아래의 피부로 외부의 균으로부터 아랫부분을 보호하는 막의 역할을 한다.<br>• 하이포니키움이 손상되면 네일 바디와 네일 베드가 분리되며 감염이 생길 수 있다. |
| 네일 월<br>Nail wall<br>조벽 | • 손·발톱의 양 측면에 둘러싸여 있는 피부로 네일 폴드의 접힌 벽으로 형성된 성곽 부분이다. |
| 네일 그루브<br>Nail grooves<br>조구 | • 네일 바디와 네일 폴드 양 옆 사이에 고랑처럼 접혀진 부분이다. |
| 네일 폴드<br>Proximal nail fold<br>조주름 | • 네일이 시작되는 곳으로 네일 루트에서 네일 바디 윗부분과 옆선에 맞추어 형성된 주름이다.<br>• 방어막을 하는 피부의 속주름으로 네일 바디를 밀어주는 역할을 한다. |

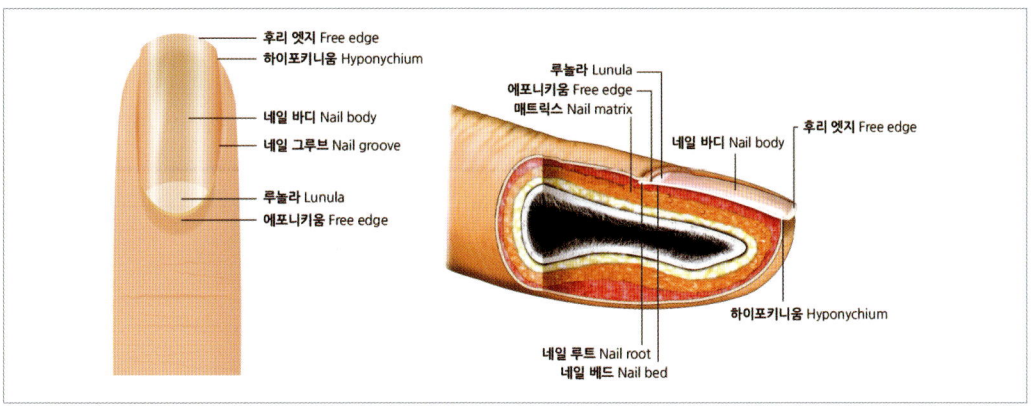

## 2) 네일 병변

　네일의 여러 병변현상은 손톱이 손상을 입었거나 다른 내과적 질병 또는 인체의 불균형으로 발생되는 신진대사의 이상현상을 말한다. 네일 리스트는 네일의 비정상적인 네일의 병변이나 이상현상에 대한 지식을 가지고 있어야 하며 네일의 상태를 확인하고 그 상태에 따라 네일 관리가 가능한 이상 손톱과 시술이 불가능한 이상 손톱을 구분하여 의사에게 갈 것을 권유하여야 하며 관리의 가능 여부를 빠르게 판단할 수 있어야 한다.

　네일을 지칭하는 의학적 용어는 오닉스(Onyx)이며 손톱과 관련된 뜻을 가진 그리스어 오니코(Onycho)에서 유래되어 기인한 것으로 네일의 비정상적으로 이상현상이 있는 손톱의 질병은 어원에서 비롯해 오니코로 시작하고 끝나는 경우가 많다.

### (1) 시술 가능한 질환

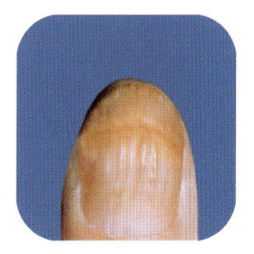

주름진 손톱
(Corrugation)

- 증상: 네일 표면에 가로나 세로줄의 골이 패어 울퉁불퉁한 형태
- 원인: 신진대사의 불안정 및 순환기계 이상, 영양결핍, 임신, 아연 부족으로 발생
- 관리방법: 주름진 표면을 샌딩 버핑하거나 인조 네일 재료를 이용하여 표면을 매끄럽게 관리해 준다.

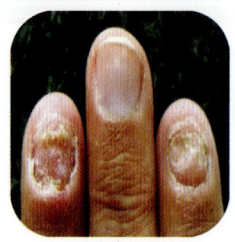

**조체위축증**
(Onychoatrophy)

- 증상: 네일바디에 윤기가 없으며, 위축되는 현상으로 새끼발톱에 주로 발생하며 심한 경우 조체가 축소되어 탈락되는 경우도 있다.
- 원인: 조모의 손상, 내과적 질환, 강한 알칼리성 세제 사용 등에 의해 발생하며 높은 구두착용 등으로 인한 압박 등이 원인이 된다.
- 관리방법: 화학제품 사용을 줄이고 손톱의 표면을 부드럽게 샌딩 하고 영양 제품을 통해 지속적인 관리를 한다.

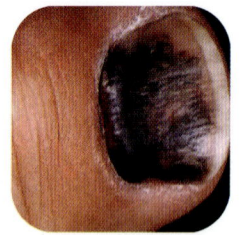

**혈종**
(Bruised Nail)

- 증상: 외부 충격으로 인해 조상이 손상되어 손톱 전체가 까맣게 변색하는 혈액이 응고된 상태
- 원인: 외부의 강한 자극 또는 충격에 의해 발생
- 관리방법: 네일 바디가 플레이트에 견고하게 붙어있는지 확인 후 네일컬러링으로 관리한다.

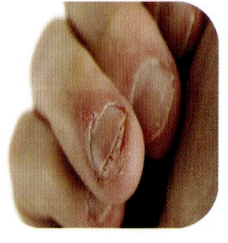

**교조증**
(Onychophagy)

- 증상: 조체증이라고 하며, 후리에지 부분을 씹거나 깨무는 버릇에 의해 나타나며 손톱 끝이 짧고 거칠게 잘려지는 특징을 보인다.
- 원인: 불안정한 심리 상태일 때 습관처럼 입으로 물어뜯어 발생
- 관리방법: 안정적인 심리상태 와 정기적인 네일 케어 관리를 해주며 인조 네일 연장을 통해 지속적으로 관리한다.

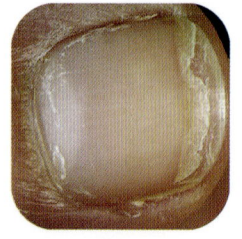

**조체연화증**
(Eggshell Nail)

- 증상: 손톱 끝 후리에지가 건조하며 여러 겹겹이 분리되며 계란 껍질처럼 얇고 흰색을 띄는 손톱으로 거스러미 네일 큐티클주위의 피부 건조증상이 특징이다.
- 원인: 내과, 신경계의 이상증세. 잘못된 다이어트 ㅏ 비타민 부족 등으로 발생하며, 불규칙적인 생활습관으로 발생
- 관리방법: 자연 네일 우드파일로 부드럽게 파일링하여 정리하며 꾸준한 네일 케어와 영양제로 관리한다.

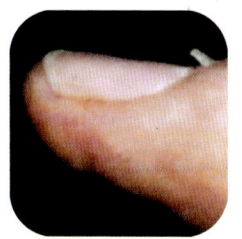

손가락의 거스러미
(Hang Nail)

- 증상: 큐티클 주변의 에포니키움이 크고 작은 균열로 거스러미처럼 일어나는 증상
- 원인: 피부가 건조하여 발생하거나, 균열이 일어난 거스러미를 잡아떼는 버릇으로 발생
- 관리방법: 건조해진 네일 주변 피부에 보습을 주며, 큐티클 니퍼로 일어난 거스러미 제거 후 큐티클 에센스, 큐티클 오일로 관리

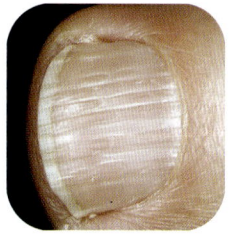

조체종렬
(Onychorrhexis)

- 증상: 네일 바디 표면이 세로의 모양으로 갈라지거나 부서지며 깊게 골이 생기는 증상
- 원인: 호르몬 불균형, 갑상선 기능 이상으로 생길 수 있는 증상이며, 화학 제품, 리무버 과다 사용으로 심한 건조증으로 발생
- 관리방법: 갈라진 네일 바디를 랩핑으로 외부의 충격으로 부터 보호하는 케어와 건조 하지 않도록 오일 매니큐어로 관리

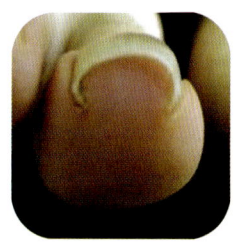

내성발톱
(Ingrow Nail)

- 증상: 손·발톱의 플레이 양 사이드가 조구 안으로 파고드는 현상으로 엄지 발톱에 주로 발생하며 심한 경우 염증이 생기면 화농성으로 진행한다.
- 원인: 유전적인 요인으로 인한 손발톱 모양 또는 잘못된 손톱 모양으로 자르거나 손, 발톱을 짧게 자를 경우 발생. 발톱의 경우 꽉 끼는 신발을 주로 신는 경우 발생
- 관리방법: 패디큐어 관리시 발톱 모양을 스퀘어로 잡아주며 관리한다.

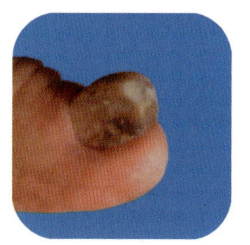

조체 비대증
(Onychauxis)

- 증상: 네일 바디가 비정상적으로 과잉 성장하며 두껍거나 거대한 형태로 발전한다.
- 원인: 손·발톱의 감염이나 유전이나 질병 등에 의해 나타나는 현상
- 관리방법: 샌딩 파일 또는 부드러운 파일로 표면 파일링으로 관리한다.

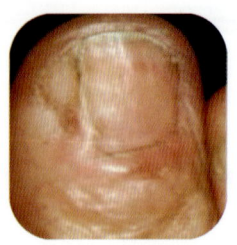

**조체입상편**
**(PterygiumUnguis)**

- 증상: 큐티클이 과하게 성장하여 네일 바디 위로 자라나오는 증상
- 원인: 네일이 자라나오면서 네일 바디 위로 큐티클이 함께 성장
- 관리방법: 습식매니큐어 관리를 통해 수분과 영양공급 케어를 하며 큐티클 에센스 또는 핫 오일 매니큐어로 시술하여 관리한다.

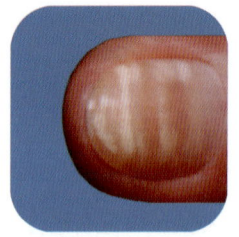

**조체 백반증**
**(Leukonychia)**

- 증상: 손·발톱에 하얗게 점이 생기는 증상이며 색소가 빠져 백색으로 나타나기도 한다.
- 원인: 유전적 요인이나 매트릭스 손상 시 발생되며 부분 적인 백색 현상으로서 네일 바디에 백색의 띠가 형성 되는 경우도 있다.
- 관리방법: 네일이 성장하면 잘라내고 네일 폴리시를 바른다.

**변색된 손톱**
**(DiscoloredNail)**

- 증상: 네일 바디가 변색이 되는 증상으로 색소 침착 방지를 위한 베이스 코트를 사용하지 않았을 경우 발생되며 혈액순환과 심장에 이상이 있는 경우에도 발생한다.
- 원인: 건강상태 이상으로 일시적으로 발생
- 관리방법: 네일 화이트닝 제품을 이용하여 미백 관리를 한다.

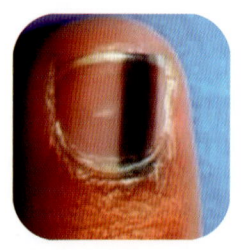

**모반·검은점 손톱**
**(Neves)**

- 증상: 손톱 표면에 멜라닌 색소 침착으로 검은 얼룩이 나타나는 증상
- 원인: 네일 바디의 색소 침착의 원인
- 관리방법: 손톱이 자라면서 없어짐. 네일 케어와 네일 컬러링으로 관리

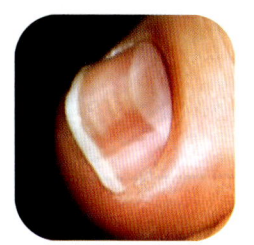

스푼형 손톱
(Koilonychia)

- 증상: 네일바디 가운데 부분이 스푼 모양으로 함몰 되어진 상태
- 원인: 철분영양소의 결핍성 빈혈, 세제사용, 갑상선 기능장애 이상증세로 발생 가능성
- 관리방법: 네일 버핑을 사용하여 표면을 부드럽게 정리한다.

## 2) 시술 불가능한 질환

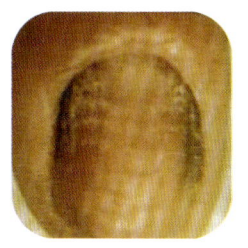

조갑주위염
(Paronychia)

- 증상: 네일바디 주변으로 붉게 부풀어 오르며 염증으로 인해 고름이 생기는 증상
- 원인: 손톱에 세균 또는 박테리아 감염 증세. 네일 도구가 위생부주의로 감염 유발. 네일 케어 시 과도한 큐티클 정리로 세균이 투침하여 감염되어 발생

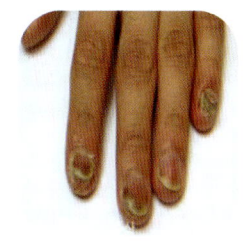

조갑진균증
(Onychomycosis)

- 증상: 손발톱의 무좀으로 네일바디가 변색 되고 바디의 두께가 고르지 않으며 표면이 거칠어지는 증상. 감염되어진 부분은 플레이트에 잘 고정 되지 못하여 탈락하게 된다.
- 원인: 진균(곰팡이균) 감염에 감염되어 네일 성장에 문제가 될 수 있으므로 의학적인 조치가 필요하다.

조갑구만증
(Onychogryphosis)

- 증상: 손·발톱이 형태가 심하게 휘거나 과하게 두꺼워지고 심하면 네일 주변의 피부로 파고드는 증상
- 원인: 정확한 원인은 밝혀진 것이 없으나 통증을 동반하는 경우도 있다

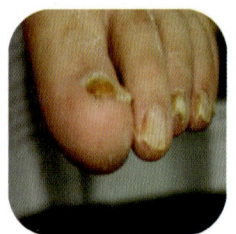

사상균증/몰드
(Mold)

- 증상: 잘못된 네일 케어 관리 또는 인조손톱 시술 후 네일 표면의 리프팅 현상으로 인조팁과 네일 바디 사이로 습기가 스며들어 생겨나는 증상
- 원인: 위생적이지 못한 환경 및 도구를 이용한 시술로 인한 곰팡이 균에 의해 감염

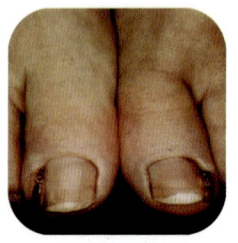

화농성 육아종
(Pyogenic granuloma)

- 증상: 네일 바디에 심한 화농성 염증 상태로 네일 바디 주변의 붉은 색의 염증성 조직이 자라나오는 증상
- 원인: 큐티클 주위에 비위생적인 네일 도구 사용으로 박테리아에 의한 감염으로 발생한다.

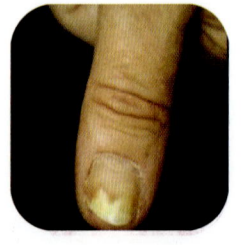

조체박리증
(Onycholysis)

- 증상: 후리에지에서 시작하여 네일 바디에서 루눌라까지 감염되어 네일 바디가 네일 플레이트에서 조금씩 분리되어 떨어져 나가는 현상
- 원인: 내과적 이상으로 질병이나 질환으로 발생하거나 하이포니키움 감염으로 발생 한다.

# PART 01 네일아트 개론

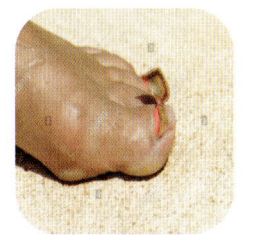

**조체탈락증**
(Onychoptosis)

- 증상: 네일 바디와 플레이트 분리 증상으로 손톱이 완전하게 빠져나가는 증상
- 원인: 심한 고열을 동반한 특정 질병으로 발생하며 매독에 감염 되거나, 약물 부작용의 원인으로 발생한다.

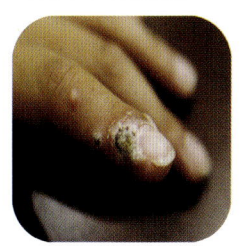

**사마귀**
(Warts)

- 증상: 손톱 주변으로 볼록하게 원형의 형태로 나타나며 단단한 원형모양의 증상
- 원인: 심한 충격 또는 마찰에 의해 발생 되거나 바이러스 감염의 의한 발생한다.

알기 쉽고
배우기 쉬운

# 네일 미용학
# &
# 아트 디자인

# PART 02
# 네일아트 실기

CHAPTER 01 네일 재료 및 도구

CHAPTER 02 손 관리

CHAPTER 03 네일 미용 기술

CHAPTER 04 폴리시 네일 아트

CHAPTER 05 젤 네일 아트

CHAPTER 06 젤 응용 아트

CHAPTER 07 살롱 젤 아트

CHAPTER 08 아트 갤러리

# CHAPTER 01   네일 재료 및 도구

## ① 네일 재료 및 도구

### 1) 네일 기기

네일 테이블 (Nail table)

- 네일 케어 시술 시에 네일 아티스트와 고객이 편한 자세로 시술을 하고 받을 수 있는 네일 테이블로 시술 재료들을 보관할 수 있는 테이블이 적당하다.

네일 의자 (nail shit)

- 네일 시술 상황에 맞게 시술이 편리하도록 높낮이가 조절이 가능한 네일 의자 사용이 적당하다

드릴 머신 (Drill machine)

- 인조손톱 제거용 비트를 사용하여 인조 네일 제거 시 사용하며 비트 종류에 따라 표면정리, 큐티클 제거, 굳은 살 제거 시술에도 사용한다.

# PART 02 네일아트 실기

흡진기 (Suction machine)

- 드릴 머신 기기로 인조 네일 제거 시 먼지 및 분진물 등을 빠르게 흡수할 수 있도록 사용한다.

자외선살균소독기 (Sterilizer)

- 큐티클 니퍼, 푸셔 등 네일 도구를 세척하여 자외선 살균 소독기에서 소독하여 고객에게 적용한다.

네일 드라이어 (Nail dryer)

- 네일 컬러링 작업 후 에나멜 건조 시 사용한다.
- 양손 또는 한손 씩 넣어서 컬러가 완전히 건조되도록 사용한다.

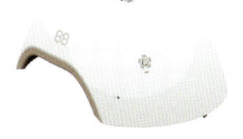

UV&LED젤라이트기
(UV&LED Gellight machine)

- 젤 매니큐어 시술 시 젤 큐어링 및 베이스 젤, 탑 젤을 큐어링 시술 시 적용한다.
- 젤 매니큐어, 젤 원톤 스컬프처 작업 시에 젤을 굳게 하여 모양을 만든다.

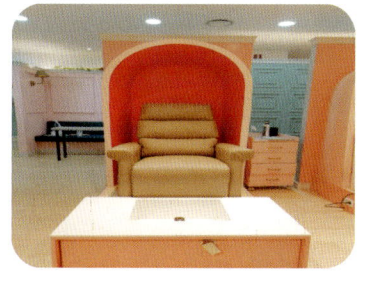

패디 스파 (Paddy Spa)

- 패디큐어 스파 시술시 사용하는 패디 전용 작업대로 발의 피로를 풀어주고 발 케어가 용이하도록 해준다.

## ② 네일 도구 및 재료

100% 퓨어 아세톤 (Acetone)

- 100% 아세톤이며 인조 네일 작업 후 인조 네일을 제거할 때 사용한다.

팔리쉬 리무버 (Enamel remover)

- 네일 폴리시리무버는 기존 네일에 있는 네일 에나멜을 제거할 때 사용한다.

네일 폼 (Nail form)

- 네일 길이 연장 시 지지대 역할을 하기 위해 사용하며 젤 스컬프처, 아크릴 스컬프처 시술 시 후리에지에 알맞게 고정하여 사용한다.

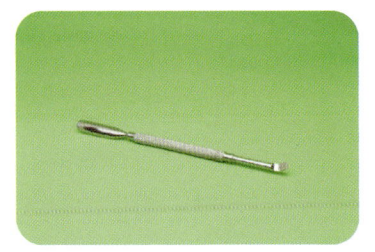

- 푸셔의 각도를 45° 유지하며 큐티클을 밀어 올려 제거가 용이하도록 사용한다.

큐티클 푸셔(Pusher)

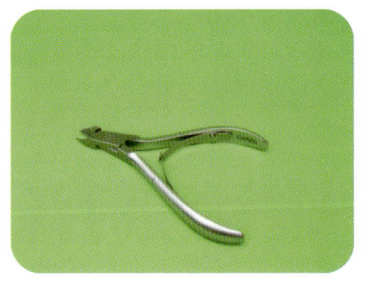

- 큐티클 제거 및 큐티클 주변 굳은살을 제거할 때 사용한다.

큐티클 니퍼 (Cuticle nipper)

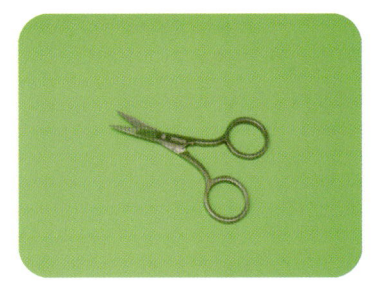

- 실크, 네일 랩을 재단하거나 아트 재료를 디자인하거나 자를 때 사용한다.

실크가위

- 자연 네일 길이나 인조 네일의 길이를 자르거나 정리할 때 사용한다.
- 일자형의 클리퍼는 페디케어 시술시 네일의 길이를 자를 때 사용한다.

클리퍼 (Nail clipper)

팁 커터 (Tip cutter)

- 인조 팁의 길이를 자를 때 사용한다.

핑거볼(Finger bowl)

- 미온수를 사용하여 습식 매니큐어 작업 시 큐티클 및 네일 주변 굳은살 등을 유연하게 불려 시술이 용이하게 도와준다.

손 소독제 (Antiseptic) 안티셉틱

- 거즈나 솜에 묻혀 네일 케어 시술 전 손 소독 시 사용한다.
- 큐티클 제거 후 네일 전체에 뿌려주는 소독에도 사용 가능하다.

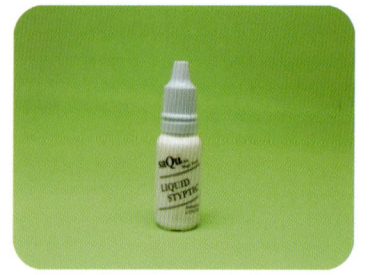

지혈제(Styptic)

- 네일 케어 시술 도중 큐티클 부분에 출혈이 있을 경우 지혈제로 사용한다.

# PART 02 네일아트 실기

더스크 브러쉬 (Dust brush)

- 네일 길이, 네일 표면 정리 후 네일 주변의 잔여물, 먼지 또는 이물질을 제거할 때 사용한다.

에나멜 (Enamel)

- 폴리시, 락커 등의 명칭으로 불리며 네일에 컬러를 바를 때 사용한다.

베이스 코트 (Base coat)

- 네일 에나멜을 바르기 전에 네일 표면을 보호한다.
- 네일 에나멜의 컬러가 손톱에 착색 되는 것을 방지해준다.

탑 코트 (Top coat)

- 네일 에나멜 오래 유지 되도록 보호하고 광택을 주어 색감을 더 예쁘게 보이도록 해준다.

큐티클 오일(Cuticle oil)

- 큐티클이 건조하거나 수분이 부족 한 경우 큐티클오일을 사용하여 보습을 유지하게 도와주며 네일주변 건조 시에 사용한다.
- 큐티클 리무버로도 사용한다.

큐티클 리무버(Cuticle Remover)

- 큐티클 제거를 용이하게 하기 위해 큐티클을 녹여주는 재료이며 푸셔로 밀어올리기 전에 사용한다.

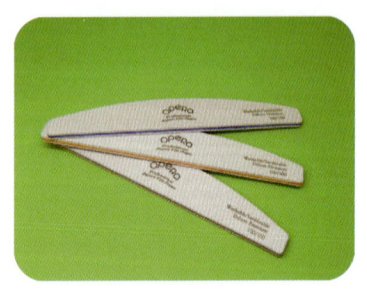

파일(File)

- 네일 연장 작업 시 인조 네일 시술 후 네일 표면을 파일링 하여 매끄럽게 할 때 사용한다.

우드파일(Wood file)

- 자연 네일의 모양을 다듬거나 길이를 조절할 때 사용한다.

## PART 02 네일아트 실기

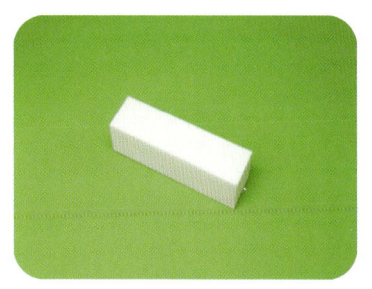

샌딩블럭(Sanding block)

- 자연 네일의 표면을 매끄럽게 정리한다.
- 파일로 인해 표면에 생긴 거친 면을 고르게 될 수 있도록 사용한다.

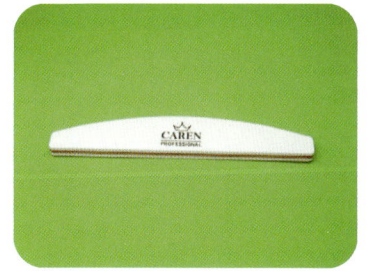

피니셔 파일(Finisher file)

- 네일 표면에 광택을 부여하며 인조 네일 작업 시 마무리에 사용한다.

오렌지우드스틱 (Orange wood stick)

- 큐티클 주변에 남아 있는 이물질 제거 시 사용한다.
- 솜을 말아 네일 주변을 닦아주거나 수정할 때 사용한다.

디스크패드(Disc pad)

- 네일 길이를 정리한 뒤 손톱 밑에 남아있는 거스러미를 제거할 때 사용한다.

인조 팁(Artificial Tips)

- 레귤러 팁, 풀 팁, 프렌치 팁, 스퀘어 팁, 롱 팁 등 다양한 종류가 있다.
- 네일의 길이를 연장 또는 아트 작업 시 사용한다.

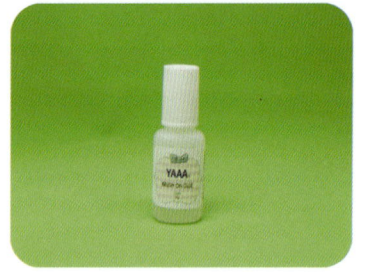

젤 글루(Gel)

- 접착력이 있는 젤이며, 네일 랩 핑, 인조 네일 연장할 때 접착제로 사용한다.

글루드라이(Glue dryer)

- 글루 또는 젤 사용한 후 빠르게 건조 시킬 때 사용한다.

필러파우더(Filler powder)

- 인조 네일 작업 시 자연 네일과 인조 팁의 경계면을 채울 때 글루 또는 젤글루와 함께 사용한다.

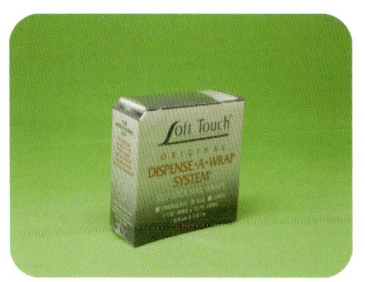

실크(Silk)

- 찢어진 네일에 랩핑 하여 보호하기 위할 때 사용한다.
- 인조 팁 위에 랩을 붙여서 팁의 유지를 오래 지연시켜 주기 위해 사용한다.

젤 클렌저(Gel Cleanser)

- 젤 매니큐어 또는 젤 연장 시 라이트기에 큐어링 후 미경화된 끈적임을 제거할 때 사용한다.

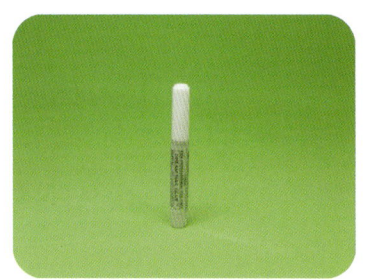

라이트 글루(light glue)

- 인조 팁 접착 시 또는 찢어진 네일을 고정 할 때 사용한다.
- 필러파우더 뿌리기 전에 글루를 발라 준다.

아크릴릭 파우더(Acrylic powder)

- 아크릴릭 스컬프처 시술시 아크릴 리퀴드와 혼합하여 사용한다.
- 아크릴 볼을 만들어 인조 네일 작업할 때 사용하여 길이를 연장한다.

아크릴릭 리퀴드(Acrylic Liquid)

- 아크릴릭 파우더와 혼합하여 아크릴 연장 시 볼을 만들고자 할 때 사용한다.

아크릴릭 브러시(Acrylic brush)

- 아크릴릭 파우더와 리퀴드를 사용 시 브러시에 볼을 만들어 손톱을 연장할 때 사용한다.

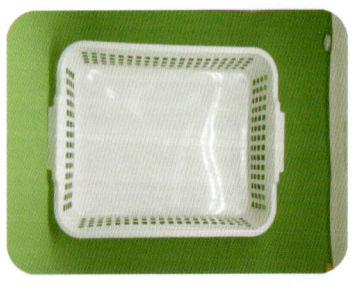

정리 바구니(Cleanup basket)

- 네일 도구 및 재료 등을 정리하여 사용한다.

탑 젤(Top gel)

- 젤 매니큐어 작업 시 오래 유지되도록 보호한다.
- 광택을 주어 젤 매니큐어 마무리에 사용한다.

- 젤 매니큐어 작업 시 젤이 네일 표면에 잘 적용 되도록 도와준다.
- 리프팅 현상이 없도록 하기 위해 사용한다.

베이스 젤(Base gel)

- 투명색이 젤이며 네일 연장하는 젤 스컬프처 작업에 사용 하며 인조 팁 작업 시 표면을 덮을 때 사용한다.

클리어 젤(Clear gel)

- 유색 젤 폴리시로 발색력에 따라서 1~2회 덧발라 준다.

젤 팔리쉬(Red Gel Palish)

- 네일 표면에 유분을 제거해주어 젤 연장이나 아크릴릭 시술시 리프팅을 방지해 준다.

프라이머(primer)

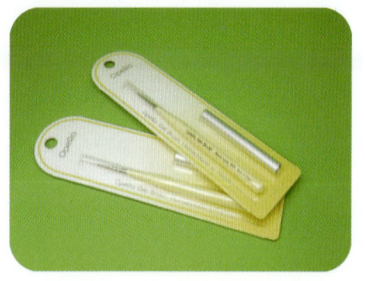

**젤 브러시 (Gel brush)**

- 사선, 플랫, 롱 라이너, 숏 라이너 등 여러 가지 모양의 젤 브러시로 젤 매니큐어 또는 젤 스컬프처 작업에 맞는 종류를 선택하여 사용한다.

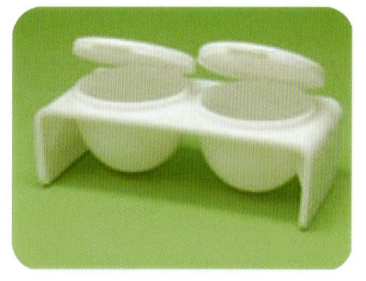

**디펜디시(Defendish)**

- 아크릴릭 리퀴드, 젤 클렌저 의 재료를 적당량 덜어 사용한다.

**팔레트(Pallet)**

- 에나멜, 젤 폴리시 등을 덜어서 쓰고자 할 때 사용한다.
- 아트 작업 시 스톤 등을 혼합할 때 사용한다.

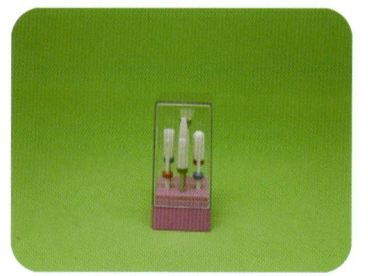

**드릴비트(Dril beat)**

- 드릴 머신 핸드피스에 꽂아서 사용하며 종류에 따라 표면정리, 큐티클 정리 등이 가능하다.

## PART 02 네일아트 실기

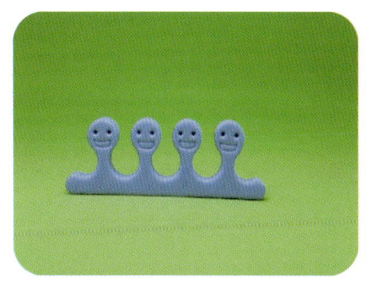

토우세퍼레이터(Tow Separator)

- 발가락 사이를 끼워 사용하며 패디큐어 작업 시 발가락 서로 겹쳐지지 않도록 고정해 주어 컬러 도포 전 사용한다.

솜 통(Cottonseed)

- 네일 케어 작업 시 자주 사용하는 솜이나 거즈를 위생적으로 보관하기 위해 사용한다.

솜(cotton)

- 네일 에나멜을 지우거나 소독하기 위해 적당한 사이즈로 잘라서 솜 통에 보관하여 사용한다.

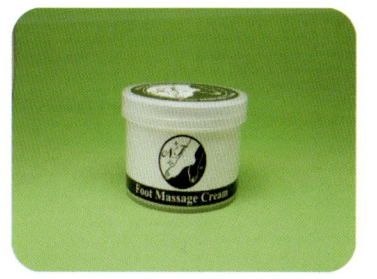

발마사지크림(Foot massage cream)

- 패디큐어 작업 시 혈액순환을 위한 발 마사지 할 때 사용한다.

핸드로션(Hand lotion)

• 매니큐어 시술시 손에 혈액순환을 위한 마사지를 할 때 사용한다.

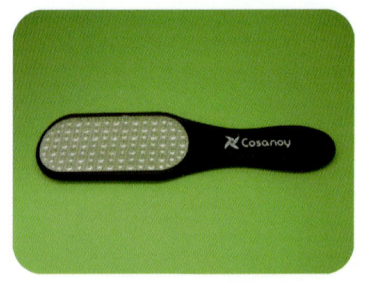

패디파일(Paddy file)

• 발바닥, 발뒤꿈치의 굳은살 제거 시 사용하거나 콘커터 사용 후 거친 부분을 정리할 때 사용한다.

콘커터(Cone cutter)

• 면도날이 들어있는 발바닥 굳은살 제거할 때 사용하는 도구이며 시술시 발바닥에 텐션을 주어 상처가 생기지 않도록 주의해서 사용한다.

패디트리트먼트(Paddy Treatment)

• 스페셜 패디케어 작업 시 사용하며, 풋 솔트, 풋스크럽, 풋 마사지, 풋 팩으로 구성되어 패디 작업 시 건조한 발 관리 용도로 사용한다.

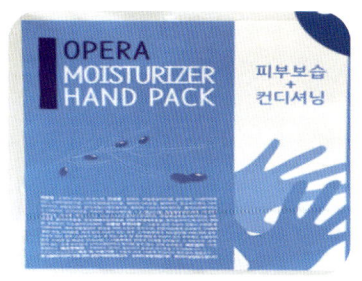

핸드 팩(Hand pack)

- 모이스춰 핸드 팩으로 네일 매니큐어 작업 시 장갑처럼 손에 끼워서 사용하며, 건조하고 거칠어진 손에 보습과 영양 공급을 위해 사용한다.

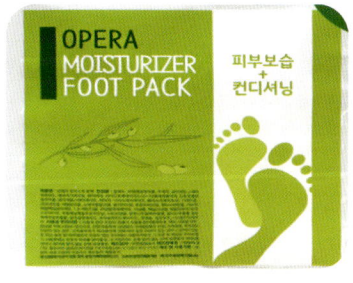

패디 팩(Paddy Pack)

- 모이스춰 패디 팩으로 건조해진 발의 보습 관리를 위해 사용한다.

손톱 영양제(Nail nutrition)

- 손톱 영양제 및 손톱 강화제 종류로 얇고 갈라지고 부러지거나 찢어지는 등의 손상된 네일에 도움을 준다.
- 젤이나 에나멜을 완전하게 제거한 후 손톱 전체에 도포한다.

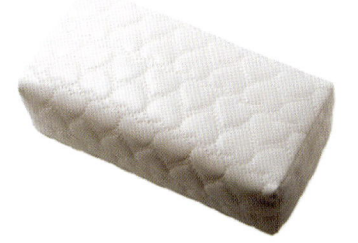

손목 받침대

- 매니큐어 작업 시 고객의 팔을 편안하게 올려 줄 때 사용한다.

젤 세럼

- 네일 전용 젤세럼으로 단백질로 구성되어 있어 젤시술 전 네일 보호를 위해 사용한다.

# CHAPTER 02　손 관리

## ① 습식 매니큐어

### 1) 손 소독

손 소독은 병원체의 전파위험을 감소시킴으로서, 감염을 차단하기 위한 가장 중요한 방법이며, 교차 오염으로 인해 감염이 전파되는 것을 예방하기 위함이다.

시술 전후 손 소독의 중요성을 인식하고 올바르게 이행함으로서 안전한 서비스를 제공하도록 한다.

#### (1) 재료

솜, 소독제

#### (2) 시술자 손 소독

1. 소독제 뿌리기

- 손 소독제는 효과적인 살균력을 갖추고 자극이 적은 것을 선택하여, 솜에 충분히 적셔준다.

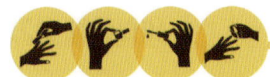

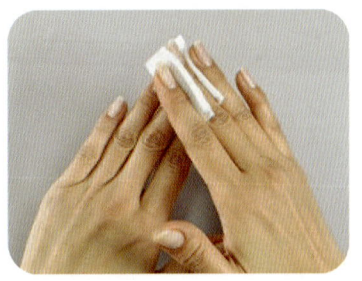

2. 손끝 소독

- 손 소독제가 손등 표면에 다 덮을 수 있도록 충분히 적용한다.
- 손가락 끝 후리에지에서 소독을 시작하여 손목을 향해 닦아낸다.

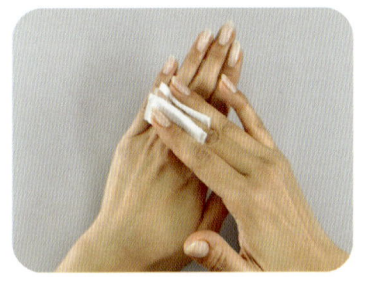

3. 손등 소독

- 손가락 끝에서 시작하여 손등을 지나도록 닦아낸다.
- 손등 전체 소독을 위해 나누어 닦아낸다.

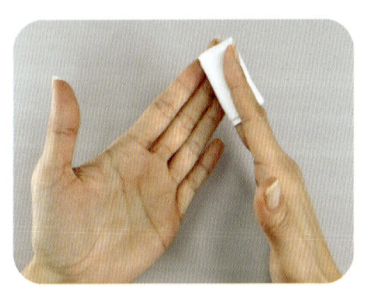

4. 손바닥 끝 소독

- 손 소독제가 손바닥 표면에 충분히 접촉되도록 적용하며 손바닥 끝에서 시작하여 소독이 되도록 닦아낸다.

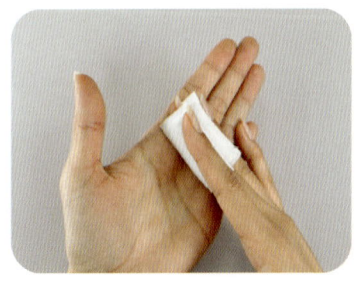

5. 손바닥 소독

- 손바닥 손톱 끝에서 시작하여 손바닥 중간, 손바닥 손목까지 꼼꼼히 닦아낸다.

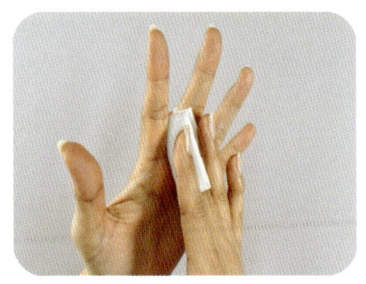

- 손 소독제가 충분히 접촉되도록 하여, 손가락 사이의 양쪽 면이 소독 되도록 닦아낸다.

6. 양 측면 소독

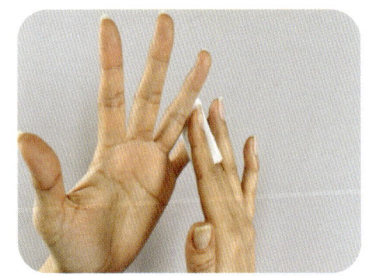

- 손 소독제가 충분이 접촉되어, 손가락 사이 끝이 소독되도록 닦아낸다.

7. 손가락 사이 소독

## (3) Ⅱ 시술자 손 소독

- 손 소독제는 효과적인 살균력을 갖추고 자극이 적은 것을 선택하여, 솜에 충분히 적셔준다.

1. 소독제 뿌리기

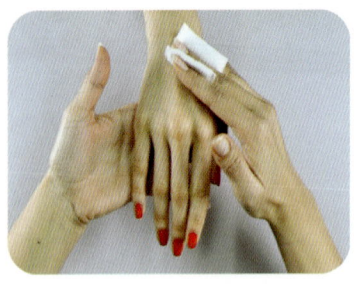

2. 모델 손등 소독

- 소독 솜이 모델의 손등 표면에 다 덮을 수 있도록 충분히 적용하며 손등 손목에서부터 꼼꼼히 닦아낸다.

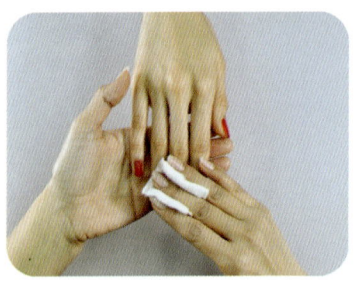

3. 모델 손가락 소독

- 손등 전체가 소독이 되도록 손등에서 네일 끝 후리에지까지 닦아낸다.

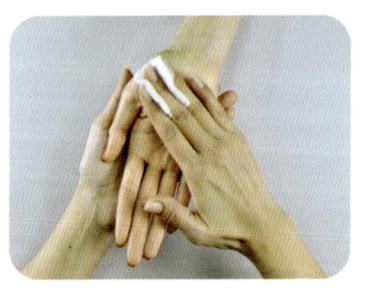

4. 모델 손바닥 소독

- 손바닥 표면 전체가 소독이 되도록 손바닥 쪽 손목에서시작하여 네일 끝 아래로 닦아낸다.

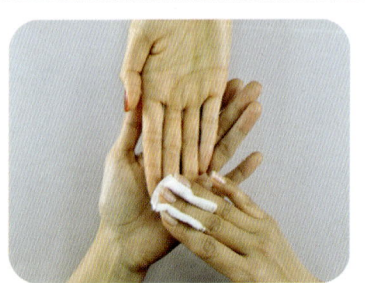

5. 모델 손바닥 아래 소독

- 손바닥 표면 중앙을 지나 손바닥 손끝 후리에지를 향해 닦아낸다.

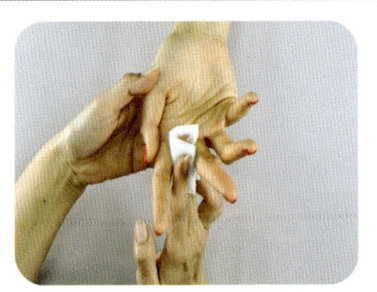

- 소독 솜이 모델의 손가락 끝과 손가락 사이사이까지 꼼꼼하게 소독한다.

6. 모델 손가락 소독

## 2) 손 마사지

손 마사지는 시술의 끝을 알리는 동작으로, 근육을 이완시켜 손목과 손가락의 피로를 풀어주고, 혈액순환 촉진에 효과가 있다.

### (1) 손 반사구

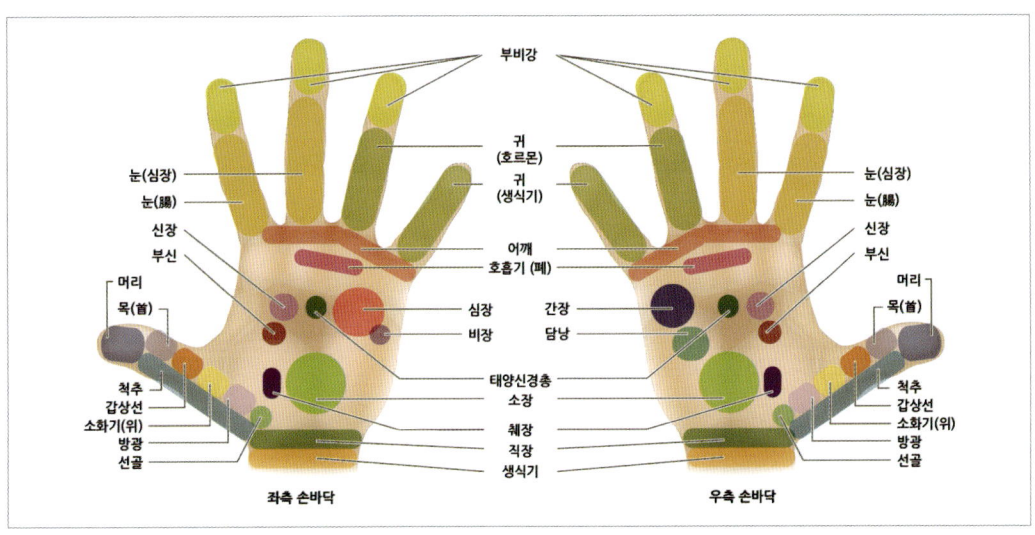

### (2) 재료

솜, 소독제, 핸드로션, 타월

## (3) 마사지 순서

1. 시술자 손 소독

- 손 소독제가 충분히 적혀진 솜을 이용하여 시술자의 손등, 손바닥, 손가락 사이사이 꼼꼼히 소독한다.

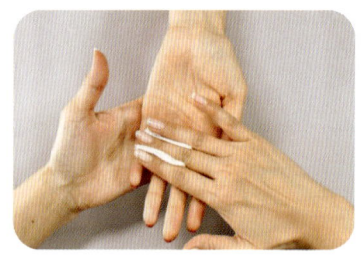

2. 모델 손 소독

- 피 시술자의 손등, 손바닥, 손가락 등을 꼼꼼하게 소독한다.

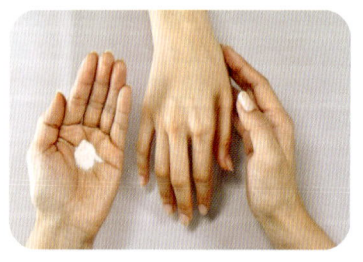

3. 핸드로션

- 핸드 로션을 시술자손에 적당량 덜어 도포한다.

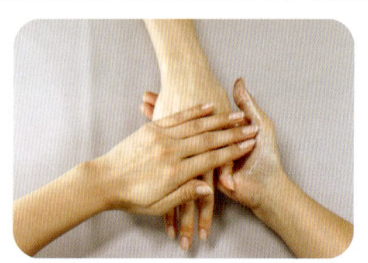

4. 로션 도포

- 손 전체에 로션을 골고루 도포한다.

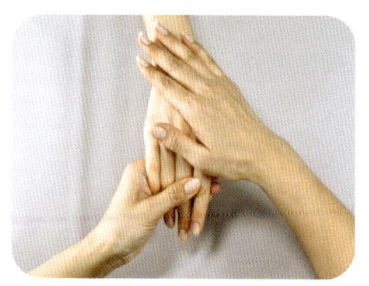

- 팔꿈치까지 쓸어 올리며 한손씩 교차하여 쓰다듬어 준다.

5. 쓰다듬기

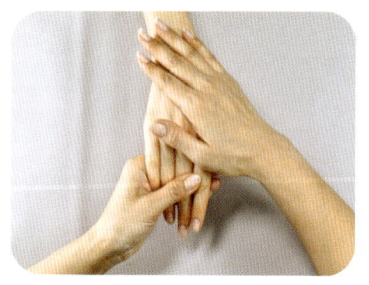

- 한손은 손끝을 잡아서 고정하고 반대 손은 주먹을 살짝 쥐어 손등을 쓰다듬어 준다.

6. 손등 쓰다듬기

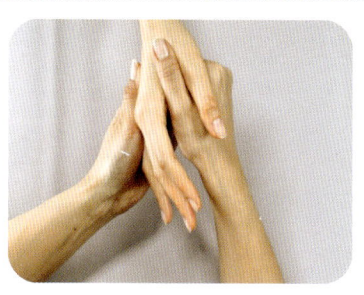

- 손가락 사이사이를 시술자의 엄지손가락으로 눌러준다.

7. 손가락 쓰다듬기

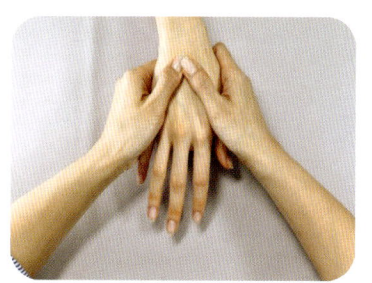

- 양손 엄지를 이용하여 손등을 바깥쪽으로 쓸어준다.

8. 손 등 쓸어주기

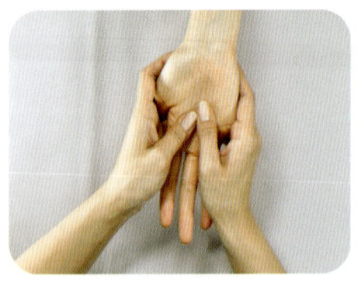

9. 손바닥 쓸어주기

- 시술자의 양손 약지손가락을 모델의 엄지와 검지 사이에 끼어 시술자의 엄지를 이용하여 손바닥을 쓰다듬어 준다.

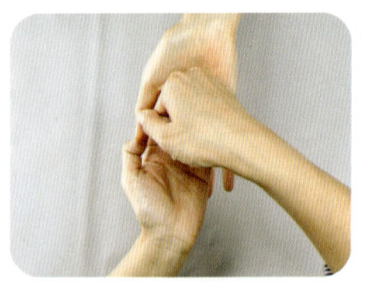

10. 손바닥 주먹으로 두드리기

- 한손을 모델 손가락을 잡고 손목을 살짝 텐션을 주어 반대 손을 살짝 주먹 쥐어 손바닥을 두드려준다.

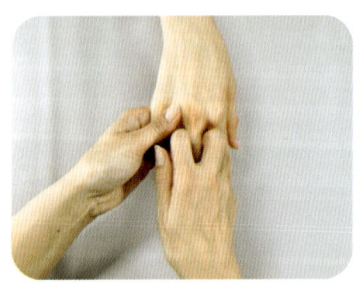

11. 손가락 쓸어주기

- 시술자의 검지와 중지 사이에 모델의 손가락을 끼워 손가락 전체를 쓸어 내려 준다.

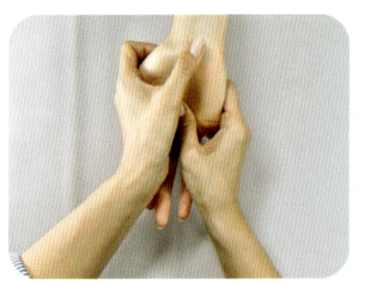

12. 손목 쓰다듬기

- 시술자 양손 엄지로 모델의 손목의 살짝 텐션을 주어 한손가락씩 쓸어준다.

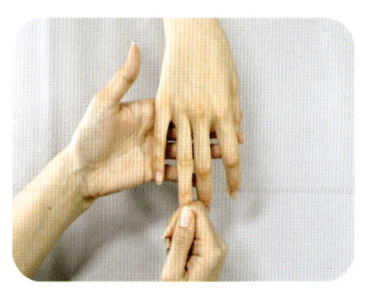

- 시술자의 검지와 중지 사이에 모델의 손가락을 끼워 아래로 쓸어 준 후 손 끝에서 살짝 튕겨준다.

13. 손가락 튕겨주기

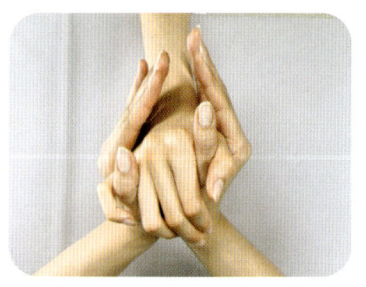

- 시술자 양 엄지를 모델의 엄지와 소지 사이에 끼워 손전체를 떨어준다.

14. 손 전체 떨어주기

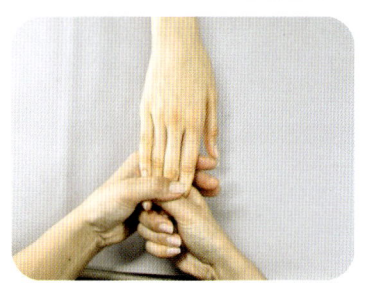

- 모델의 손을 잡아 손끝을 향하게 쓸어준 후 손끝에서 살짝 잡아준다.

15. 손끝 잡아주기

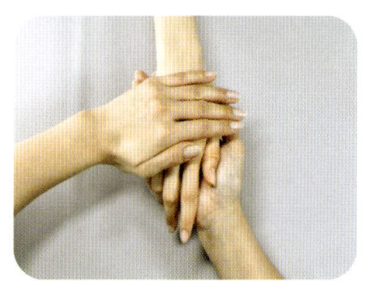

- 팔꿈치에서 손가락 끝까지 부드럽게 전체적으로 쓸어 내려 준다.
- 따뜻한 타월을 이용하여 유분감을 제거하고 마무리 한다.

16. 전체 쓰다듬기

## 3) 습식 매니큐어 컬러링

### (1) 풀 코트 매니큐어

① 준비물

- 주재료: 레드 폴리시, 베이스코트, 탑 코트, 큐티클 리무버, 큐티클 오일, 폴리시리무버, 핑거볼, 보온병(미온수)
- 기본 재료(바구니 세팅): 손 소독제, 멸균 솜, 멸균 거즈, 에탄올 담긴 유리 볼(오렌지 우드스틱, 푸셔 ,니퍼 , 클리퍼, 더스트 브러시), 지혈제, 페이퍼타월 ,고객용 팔 받침대
- 파일 종류: 우드 파일 , 화이트 샌딩 파일, 디스크 패드

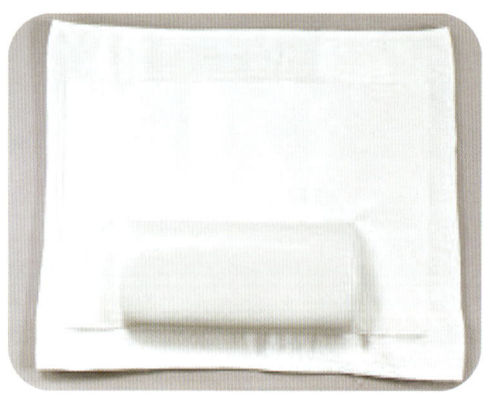
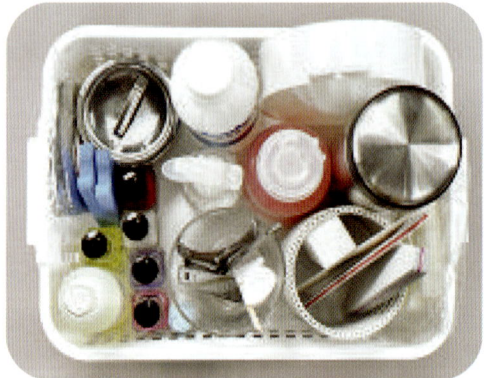

② 시술순서

- 멸균 솜을 이용한다.
- 손 소독제는 에탄올을 사용한다.
- 멸균 솜에 에탄올(손 소독제)을 적당량을 사용한다.

1. 소독 준비

## PART 02 네일아트 실기

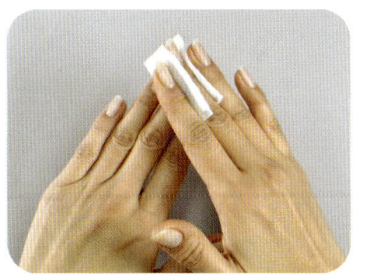

2. 시술자 소독

- 에탄올(손 소독제)을 이용한 멸균 솜을 사용한다.
- 손등, 손바닥, 손가락 사이까지 꼼꼼하게 소독한다.

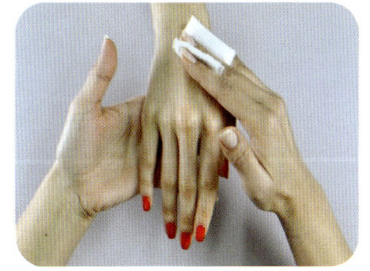

3. 모델 소독

- 에탄올(손 소독제)을 이용한 멸균 솜을 사용한다.
- 손등, 손바닥, 손가락 사이까지 꼼꼼하게 소독한다.

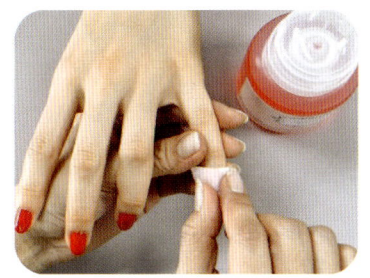

4. 기존 네일 폴리시 제거

- 폴리시리무버를 이용하여 기존 폴리시를 제거한다.
- 리무버에 적신 코튼을 이용하여 한 손가락씩 제거한다.

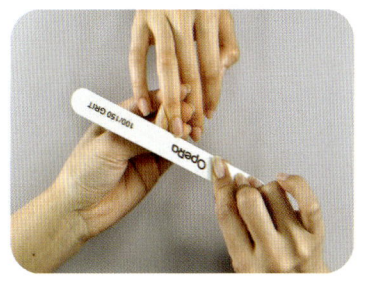

5. 네일 모양 정리

- 네일의 모양을 고려하여 적당한 길이로 자른다.
- 45° 각도로 파일을 유지하며 라운드 모양의 네일 형태로 파일링한다.

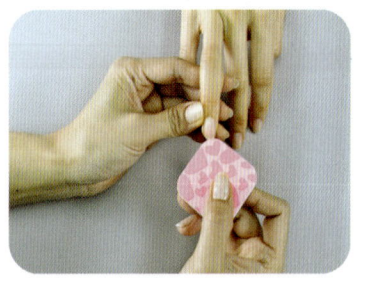

6. 거스러미 제거

- 디스크 패드를 이용하여 프리에지 안쪽에 남아 있는 거스러미까지 깨끗하게 제거 한다.

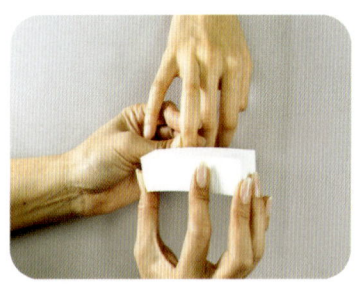

7. 표면정리

- 네일 표면을 화이트 샌딩 파일을 사용하여 매끄럽게 정리한다.

8. 잔여물 제거

- 더스트 브러시를 이용하여 네일 주변 잔여물을 제거한다.

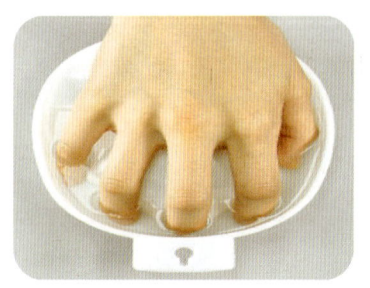

9. 핑거볼

- 핑거볼 안에 미온수를 적당량 채우고 손가락을 담가서 큐티클을 유연하게 불려준다.
- 일정 시간 경과 후 모델의 손을 꺼내어 페이퍼 또는 거즈를 사용하여 물기를 깨끗하게 제거해준다.
- 건식 매니큐어에는 큐티클 리무버 사용한다.

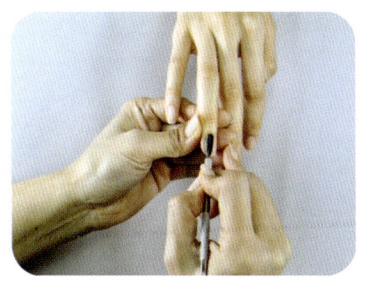

- 큐티클 푸셔를 이용하여 큐티클 제거가 수월하도록 밀어 올려준다.

10. 큐티클 밀어올리기

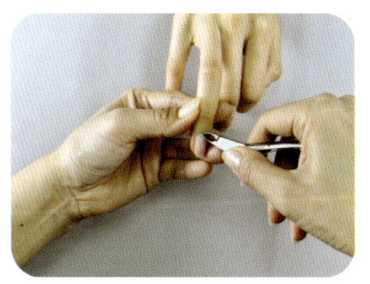

- 니퍼를 이용하여 큐티클을 제거한다.
- 큐티클 끝까지 너무 가깝게 제거되지 않도록 주의한다.
- 니퍼는 사용 후 에탄올로 분사 소독하여 소독기에 보관한다.

11. 큐티클 정리

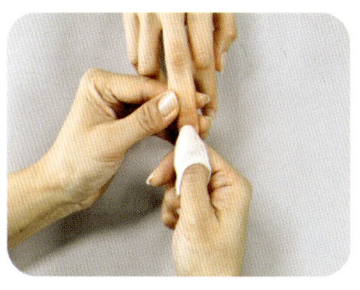

- 폴리시리무버를 사용하여 네일의 유분을 제거한다.

12. 유분제거

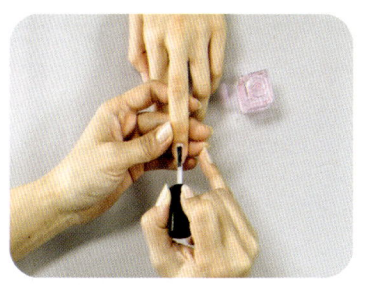

- 네일 전체에 베이스 코트 1회 도포한다.

13. 베이스 코트

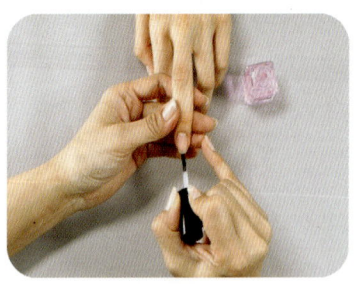

14. 베이스코트 프리에지

- 브러시 끝 부분을 사용하여 프리에지에 베이스코트 도포한다.

15. 레드 폴리시

- 레드 폴리시를 네일 전체에 2회 풀 코트 한다.

16. 레드 폴리시프리에지

- 브러시 끝 부분을 이용하여 레드 폴리시를 프리에지에 도포한다.
- 주변에 묻어나지 않도록 주의하며 네일 주변을 멸균 거즈로 깨끗하게 닦아준다.

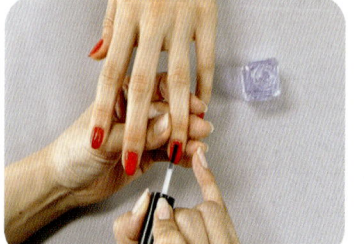

17. 탑 코트

- 네일 전체에 탑 코트를 도포한다.
- 네일 주변으로 넘어가거나 큐티클 위로 올라가지 않도록 주의해서 도포한다.

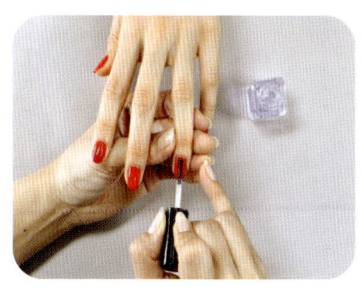

- 브러시 끝을 사용하여 프리에지에 탑 코트를 도포한다.

18. 탑 코트 프리에지

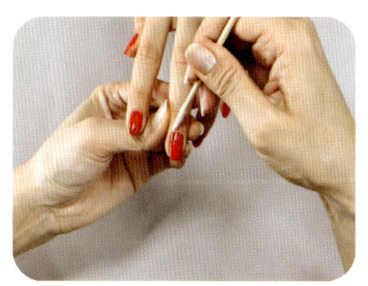

- 오렌지 우드스틱에 멸균 솜을 감아 폴리시리무버를 사용하여 네일 주변에 잔여물을 제거한다.

19. 주변 정리

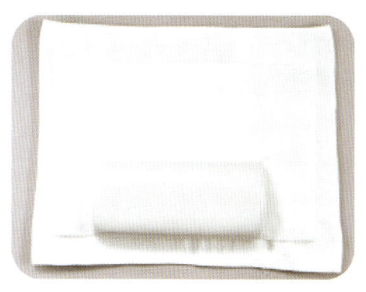

- 시술이 끝난 후에는 작업대를 깨끗하게 정리한다.

20. 작업대 정리

21. 풀 코트 매니큐어 완성

## (2) 프렌치 매니큐어

① 준비물

- 주재료: 화이트 폴리시, 베이스코트, 탑 코트, 큐티클 리무버, 큐티클 오일, 폴리시리무버, 핑거볼, 보온병(미온수)
- 기본 재료(바구니 세팅): 손 소독제, 멸균 솜, 멸균 거즈, 에탄올 담긴 유리 볼(오렌지 우드스틱, 푸셔, 니퍼, 클리퍼, 더스트 브러시), 지혈제, 페이퍼타월, 고객용 팔 받침대
- 파일 종류: 우드 파일, 화이트 샌딩 파일, 디스크 패드

 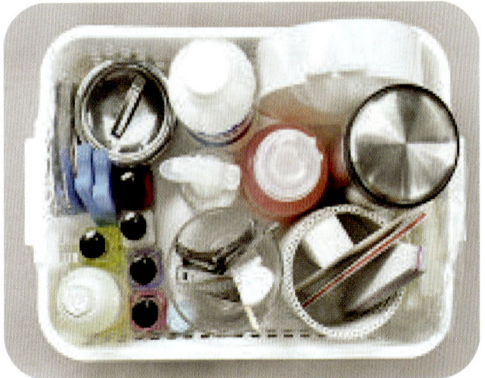

② 시술순서

1. 소독 준비

- 멸균 솜을 이용한다.
- 손 소독제는 에탄올을 사용한다.
- 멸균 솜에 에탄올(손 소독제) 적당량을 사용한다.

## PART 02 네일아트 실기

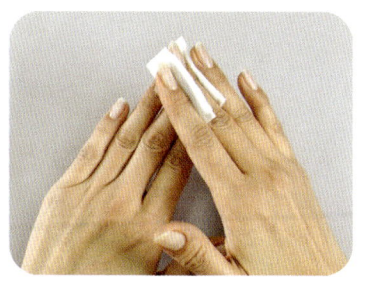

**2. 시술자 소독**

- 에탄올(손 소독제)을 이용한 멸균 솜을 사용한다.
- 시술자의 손등, 손바닥, 손가락 사이까지 꼼꼼하게 소독한다.

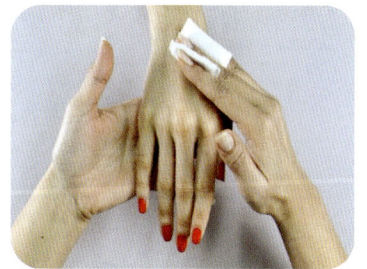

**3. 모델 소독**

- 에탄올(손 소독제)을 이용한 멸균 솜을 사용한다.
- 모델의 손등, 손바닥, 손가락 사이까지 꼼꼼하게 소독한다.

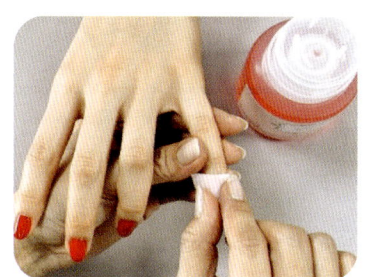

**4. 기존 네일 폴리시 제거**

- 폴리시리무버를 이용하여 기존 폴리시를 제거한다.
- 리무버에 적신 코튼을 이용하여 한 손가락씩 제거한다.

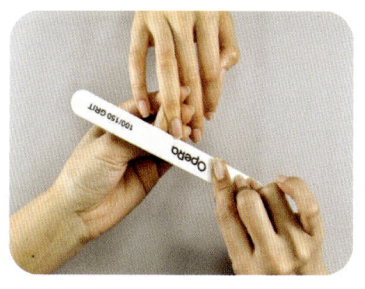

**5. 네일 모양 정리**

- 네일의 모양을 고려하여 적당한 길이로 자른다.
- 45° 각도로 파일을 유지하며 라운드 모양의 네일 형태로 파일링한다.

6. 거스러미 제거

- 디스크 패드를 이용하여 프리에지 안쪽에 남아 있는 거스러미까지 깨끗하게 제거한다.

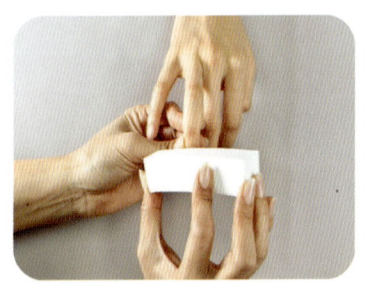

7. 표면정리

- 네일 표면의 울퉁불퉁함을 화이트 샌딩 파일을 사용하여 매끄럽게 정리한다.

8. 잔여물 제거

- 더스트 브러시를 이용하여 네일 주변 잔여물을 제거한다.

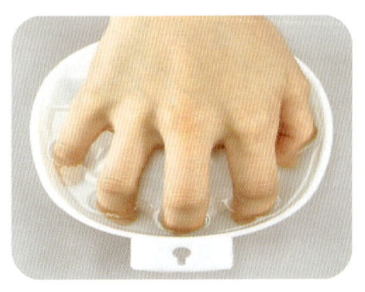

9. 핑거볼

- 핑거볼 안에 미온수를 적당량 채우고 손가락을 담가서 큐티클을 유연하게 불려준다.
- 일정 시간 경과 후 모델의 손을 꺼내어 페이퍼 또는 거즈를 사용하여 물기를 깨끗하게 제거해준다.
- 건식 매니큐어에는 큐티클 리무버를 사용한다.

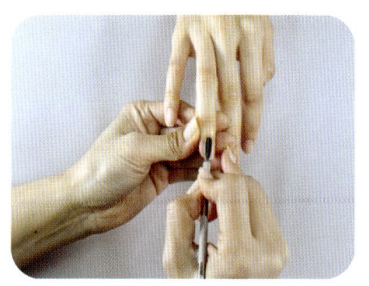

- 큐티클 푸셔를 이용하여 큐티클 제거가 수월하도록 밀어 올려준다.

10. 큐티클 밀어올리기

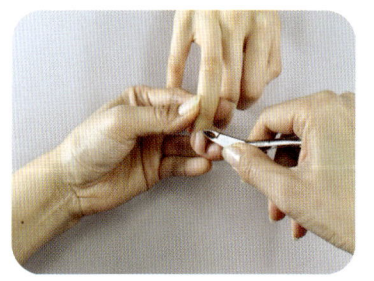

- 니퍼를 이용하여 큐티클을 제거한다.
- 큐티클 끝까지 너무 가깝게 제거되지 않도록 주의한다.
- 니퍼는 사용 후 에탄올로 분사 소독하여 소독기에 보관한다.

11. 큐티클 정리

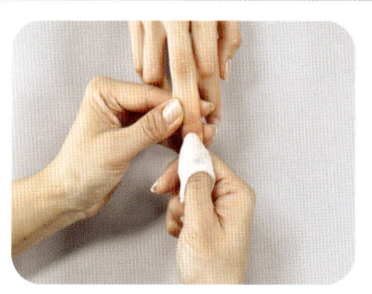

- 폴리시리무버 사용하여 네일의 유분을 제거한다.

12. 유분제거

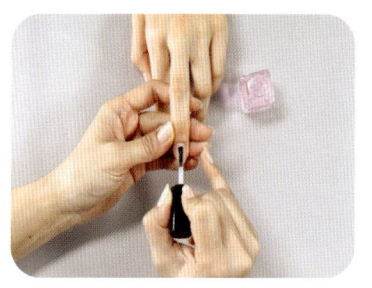

- 네일 전체에 베이스 코트 1회 도포한다.

13. 베이스 코트

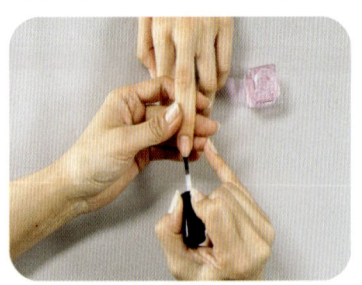

14. 베이스코트 프리에지

- 브러시 끝 부분을 사용하여 프리에지에 베이스코트 도포한다.

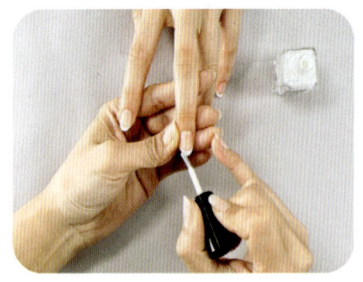

15. 화이트 폴리시

- 화이트 폴리시를 이용하여 1/3 정도의 프렌치 라인을 만들어 프렌치 컬러링을 완성한다.

16. 프리에지

- 브러시 끝 부분을 이용하여 화이트 폴리시로 프리에지 부분에 도포한다.

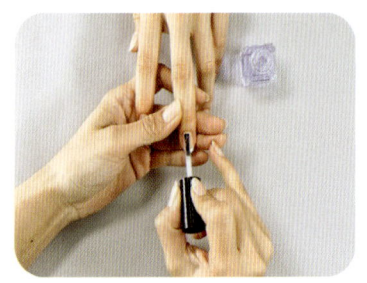

17. 탑 코트

- 네일 전체에 탑 코트를 도포한다.
- 네일 주변으로 넘어가거나 큐티클 위로 올라가지 않도록 주의해서 도포한다.

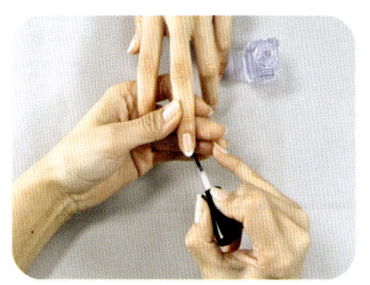

- 브러시 끝을 사용하여 프리에지에 탑 코트를 도포한다.

18. 탑 코트 프리에지

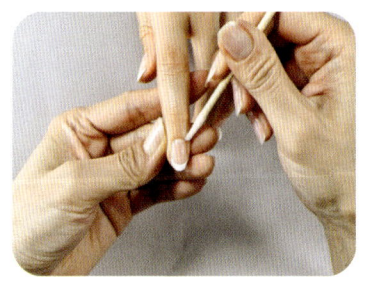

- 오렌지 우드스틱에 멸균 솜을 감아 폴리시리무버로 네일 주변의 잔여물을 제거한다.

19. 주변 정리

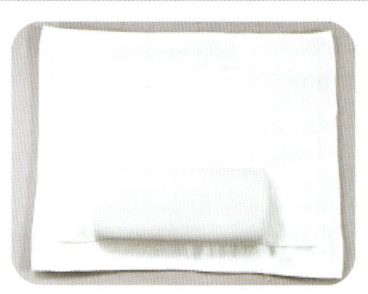

- 시술이 끝난 후에는 작업대를 깨끗하게 정리한다.

20. 작업대 정리

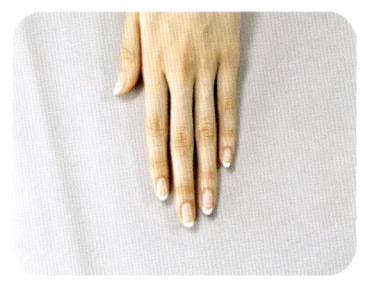

21. 프렌치 매니큐어 완성

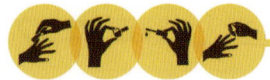

### (3) 딥 프렌치 매니큐어

① 준비물

- 주재료: 레드 폴리시, 베이스코트, 탑 코트, 큐티클 리무버, 큐티클 오일, 폴리시리무버, 핑거 볼, 보온병(미온수)
- 기본 재료(바구니 세팅): 손 소독제, 멸균 솜, 멸균 거즈, 에탄올 담긴 유리 볼(오렌지 우드스틱, 푸셔, 니퍼, 클리퍼, 더스트 브러시), 지혈제, 페이퍼타월, 고객용 팔 받침대
- 파일 종류: 우드 파일, 화이트 샌딩 파일, 디스크 패드

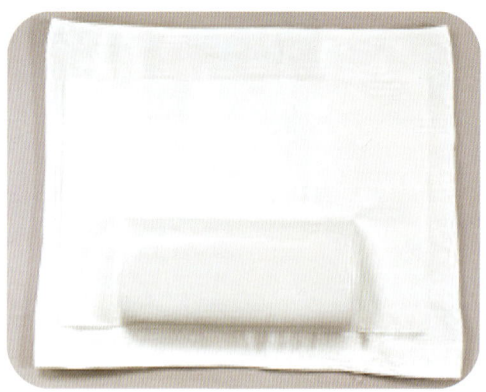

② 시술순서

1. 소독 준비

- 멸균 솜을 이용한다.
- 손 소독제는 에탄올을 사용한다.
- 멸균 솜에 에탄올(손 소독제) 적당량을 사용한다.

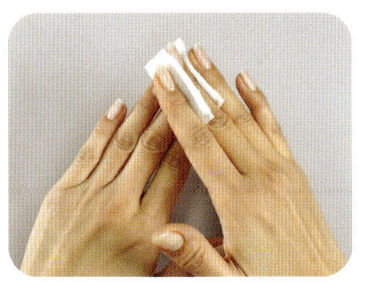

- 에탄올(손 소독제)이 적셔진 멸균 솜을 사용한다.
- 시술자의 손등, 손바닥, 손가락 사이까지 꼼꼼하게 소독한다.

2. 시술자 소독

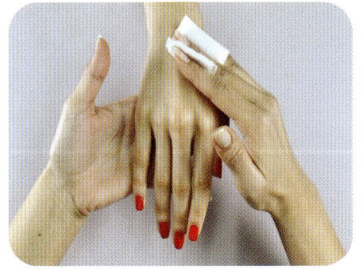

- 에탄올(손 소독제)을 이용한 멸균 솜을 사용한다.
- 모델의 손등, 손바닥, 손가락 사이까지 꼼꼼하게 소독한다.

3. 모델 소독

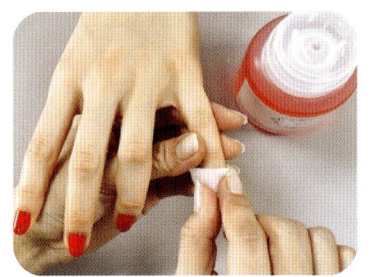

- 폴리시리무버를 이용하여 기존 폴리시를 제거한다.
- 리무버에 적신 코튼을 이용하여 한 손가락씩 제거한다.

4. 기존 네일 폴리시 제거

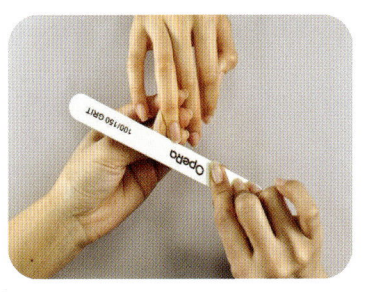

- 네일의 모양을 고려하여 적당한 길이로 자른다.
- 45° 각도로 파일을 유지하며 라운드 모양의 네일 형태로 파일링 한다.

5. 네일 모양 정리

6. 거스러미 제거

- 디스크 패드를 이용하여 프리에지 안쪽에 남아 있는 거스러미까지 깨끗하게 제거한다.

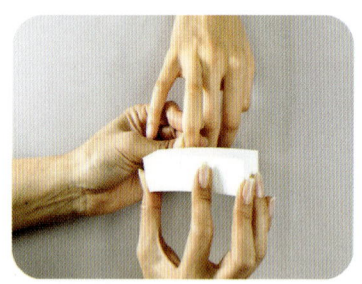

7. 표면정리

- 네일 표면의 울퉁불퉁함을 화이트 샌딩 파일을 사용하여 매끄럽게 정리한다.

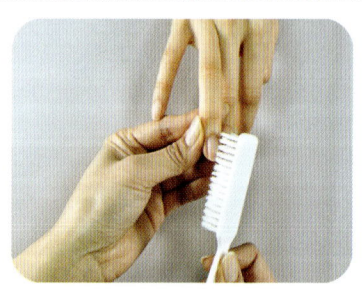

8. 잔여물 제거

- 더스트 브러시를 이용하여 네일 주변 잔여물을 제거한다.

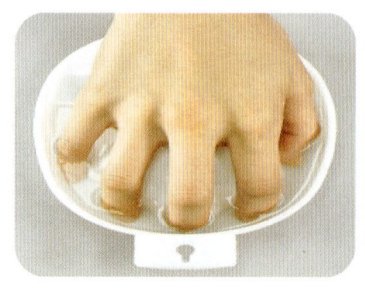

9. 핑거볼

- 핑거볼 안에 미온수를 적당량 채우고 손가락을 담가서 큐티클을 유연하게 불려준다.
- 일정 시간 경과 후 모델의 손을 꺼내어 페이퍼 또는 거즈를 사용하여 물기를 깨끗하게 제거해준다.
- 건식 매니큐어에는 큐티클 리무버를 사용한다.

## PART 02 네일아트 실기

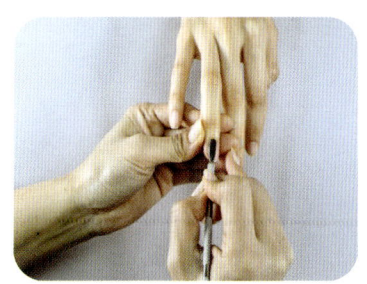

10. 큐티클 밀어올리기

- 큐티클 푸셔를 이용하여 큐티클 제거가 수월하도록 밀어 올려준다.

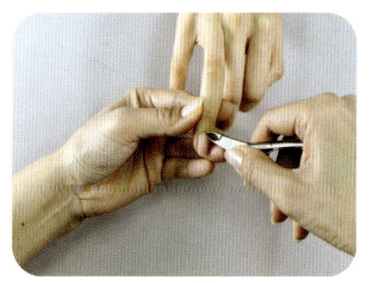

11. 큐티클 정리

- 니퍼를 이용하여 큐티클을 제거한다.
- 큐티클 끝까지 너무 가깝게 제거되지 않도록 주의한다.
- 니퍼는 사용 후 에탄올로 분사 소독하여 소독기에 보관한다.

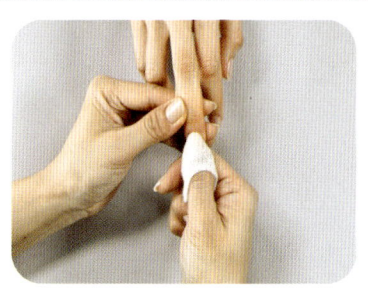

12. 유분제거

- 폴리시리무버 사용하여 네일의 유분을 제거한다.

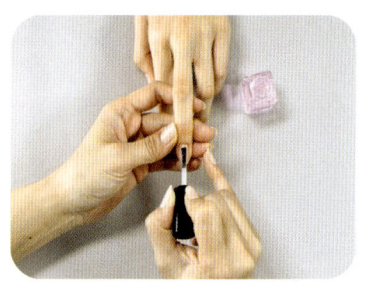

13. 베이스 코트

- 네일 전체에 베이스코트 도포한다.

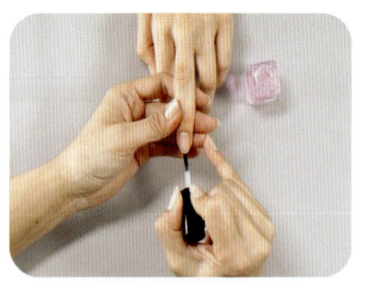

14. 프리에지에 도포

- 브러시 끝부분을 사용하여 프리에지에 베이스코트 도포한다.

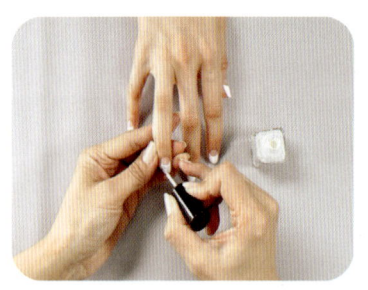

15. 딥 프렌치

- 화이트 폴리시를 이용하여 2/3 정도의 깊이로 딥 프렌치라인을 만들어 2회 컬러링을 한다.

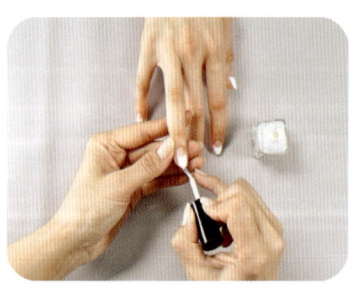

16. 프리에지에 도포

- 브러시 끝부분을 이용하여 프리에지에 화이트 폴리시 도포한다.

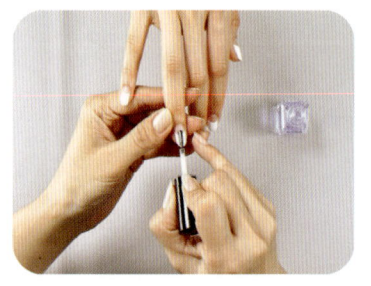

17. 탑 코트 도포

- 네일 전체에 탑 코트 도포한다.

- 브러시 끝을 사용하여 프리에지에 탑 코트를 도포한다.

18. 탑 코트 프리에지

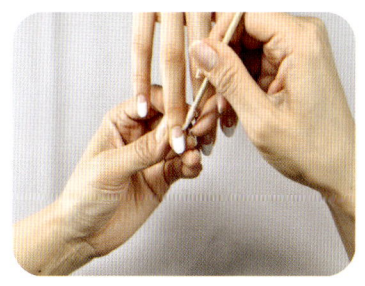

- 오렌지 우드스틱에 탈지면을 감아 네일 리무버를 적신 후 네일 주변에 묻은 폴리시 또는 잔여물을 제거한다.

19. 주변 정리

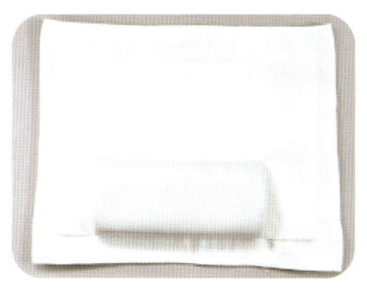

- 시술이 끝난 후에는 작업대를 깨끗하게 정리한다.

20. 작업대 정리

21. 딥 프렌치 매니큐어 완성

## (4) 그라데이션 매니큐어

① 준비물

- 주재료: 레드 폴리시, 베이스코트, 탑 코트, 큐티클 리무버, 큐티클 오일, 폴리시리무버, 핑거 볼, 보온병(미온수)
- 기본 재료(바구니 세팅): 손 소독제, 멸균 솜, 멸균 거즈, 에탄올 담긴 유리 볼(오렌지 우드스틱, 푸셔, 니퍼, 클리퍼, 더스트 브러시), 지혈제, 페이퍼타월, 고객용 팔 받침대
- 파일 종류: 우드 파일 , 화이트 샌딩 파일, 디스크 패드

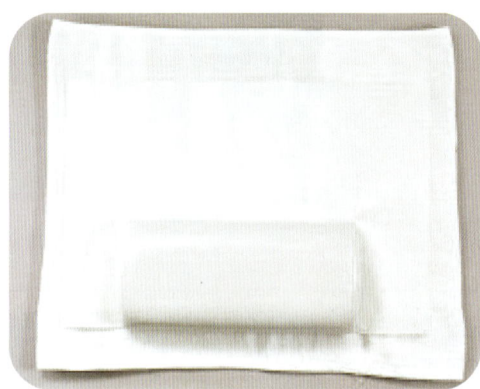
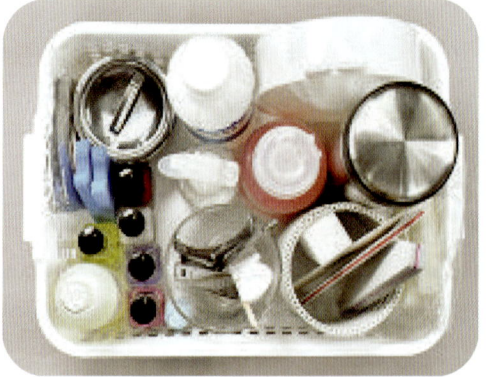

② 시술순서

1. 소독 준비

- 멸균 솜을 이용한다.
- 손 소독제는 에탄올을 사용한다.
- 멸균 솜에 에탄올(손 소독제) 적당량을 사용한다.

## PART 02 네일아트 실기

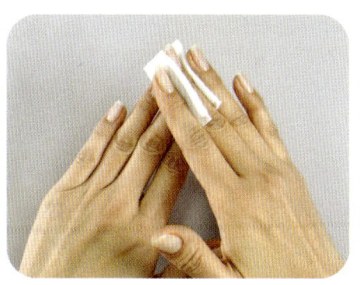

2. 시술자 소독

- 에탄올(손 소독제)이 적셔진 멸균 솜을 사용한다.
- 시술자의 손등, 손바닥, 손가락 사이까지 꼼꼼하게 소독한다.

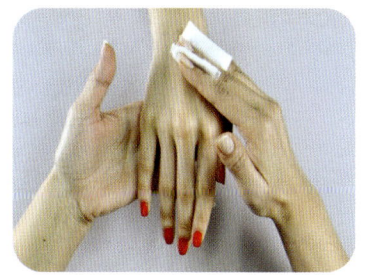

3. 모델 소독

- 에탄올(손 소독제)을 이용한 멸균 솜을 사용한다.
- 모델의 손등, 손바닥, 손가락 사이까지 꼼꼼하게 소독한다.

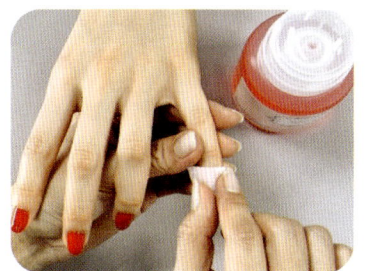

4. 기존 네일 폴리시 제거

- 폴리시리무버를 이용하여 기존 폴리시를 제거한다.
- 리무버에 적신 코튼을 이용하여 한 손가락씩 제거한다.

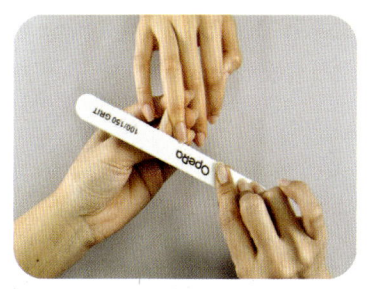

5. 네일 모양 정리

- 네일의 모양을 고려하여 적당한 길이로 자른다.
- 45° 각도로 파일을 유지하며 라운드 모양의 네일 형태로 파일링한다.

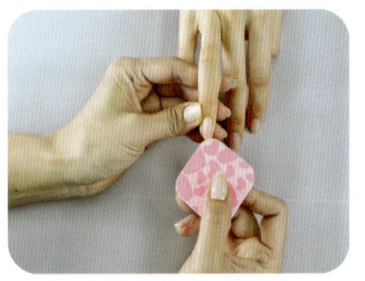

6. 거스러미 제거

- 디스크 패드를 이용하여 프리에지 안쪽에 남아 있는 거스러미까지 깨끗하게 제거한다.

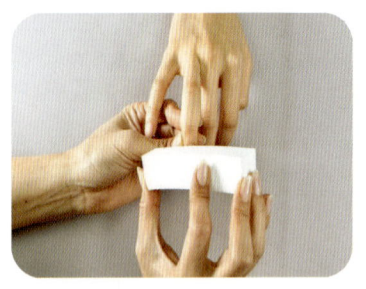

7. 표면정리

- 네일 표면의 울퉁불퉁함을 화이트 샌딩 파일을 사용하여 매끄럽게 정리한다.

8. 잔여물 제거

- 더스트 브러시를 이용하여 네일 주변 잔여물을 제거한다.

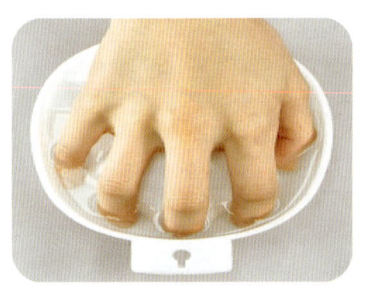

9. 핑거볼

- 핑거볼 안에 미온수를 적당량 채우고 손가락을 담가서 큐티클을 유연하게 불려준다.
- 일정 시간 경과 후 모델의 손을 꺼내어 페이퍼 또는 거즈를 사용하여 물기를 깨끗하게 제거해준다.
- 건식 매니큐어에는 큐티클 리무버를 사용한다.

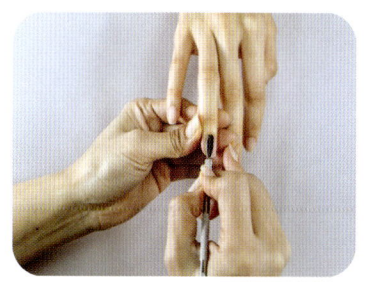

- 큐티클 푸셔를 이용하여 큐티클 제거가 수월하도록 밀어 올려준다.

10. 큐티클 밀어올리기

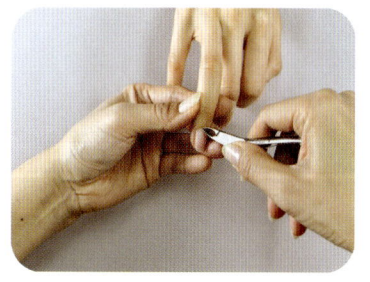

- 니퍼를 이용하여 큐티클을 제거한다.
- 큐티클 끝까지 너무 가깝게 제거되지 않도록 주의한다.
- 니퍼는 사용 후 에탄올로 분사 소독하여 소독기에 보관한다.

11. 큐티클 정리

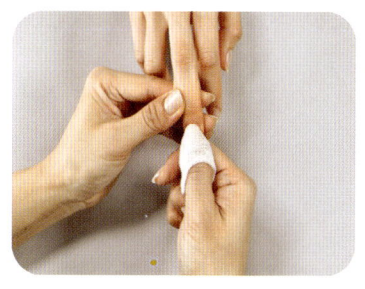

- 폴리시 리무버 사용하여 네일의 유분을 제거한다.

12. 유분제거

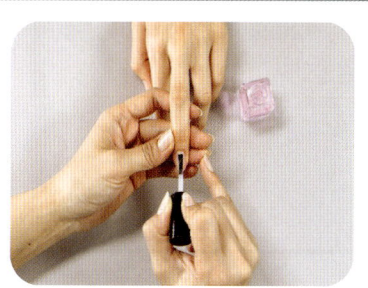

- 네일 전체에 베이스 코트 1회 도포한다.

13. 베이스 코트

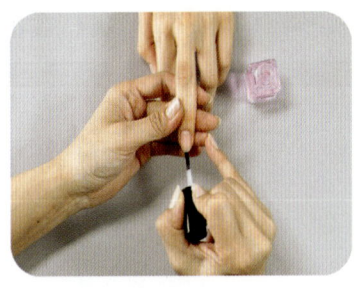

14. 베이스코트 프리에지

• 브러시 끝 부분을 사용하여 프리에지에 베이스코트 도포한다.

15. 베이스코트 사용

• 그라 솜 2/3 지점에 베이스코트를 가로로 도포한다.
• 적당량을 조절하여 스펀지에 도포한다.

16. 화이트 폴리시

• 화이트 폴리시와 베이스 코트의 경계가 미세하게 겹치도록 그라 솜에 도포한다.

17. 믹싱

• 호일에 그라 솜을 가볍게 두드려 화이트 폴리시와 베이스코트의 경계 부분이 보이지 않도록 혼합한다.

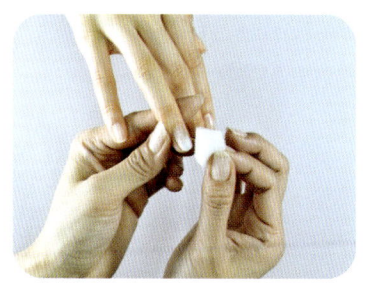

- 네일의 3/2 지점부터 스펀지를 가볍게 두드리면서 화이트폴리시의 경계를 없애준다.
- 프리엣지 쪽으로 내려가면서 진해지도록 명도의 차이를 주며 자연스럽게 그라데이션을 만든다.

18. 그러데이션 하기

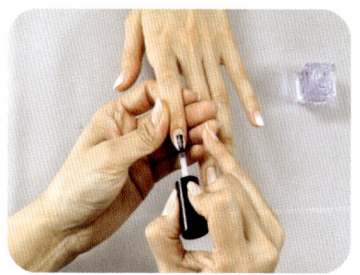

- 탑 코트를 네일 전체에 도포한다.

19. 탑 코트

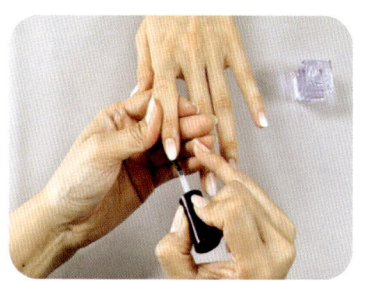

- 브러시 끝을 사용하여 프리엣지에 탑 코트를 도포한다.

20. 프리에지 도포

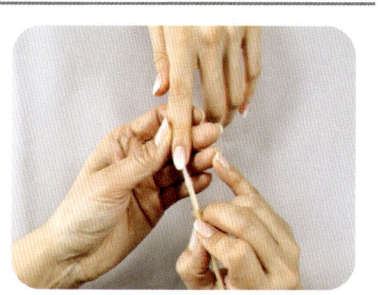

- 오렌지 우드스틱에 멸균 솜을 감아 폴리시리무버를 적신 후 네일 주변에 잔여물을 제거한다.

21. 잔여물 제거

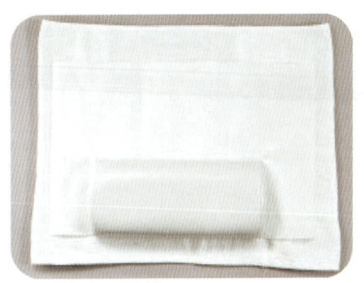

22. 작업대 정리

• 시술이 끝난 후에는 작업대를 깨끗하게 정리한다.

23. 그라데이션 매니큐어 완성

## (5) 패디 풀코트 매니규어

① 준비물

- 주재료: 레드 폴리시, 베이스코트, 탑 코트, 큐티클 리무버, 큐티클 오일, 폴리시리무버, 물 스프레이(족탕기), 토우세퍼레이터
- 기본 재료(바구니 세팅): 손 소독제, 멸균 솜, 멸균 거즈, 에탄올 담긴 유리 볼(오렌지 우드스틱, 푸셔, 니퍼, 클리퍼, 더스트 브러시), 지혈제, 페이퍼타월, 고객용 발 받침대
- 파일 종류: 우드 파일, 화이트 샌딩 파일, 디스크 패드

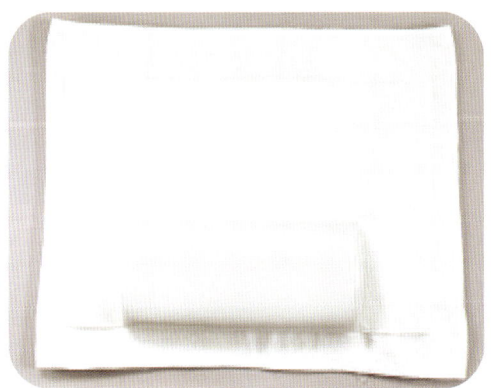
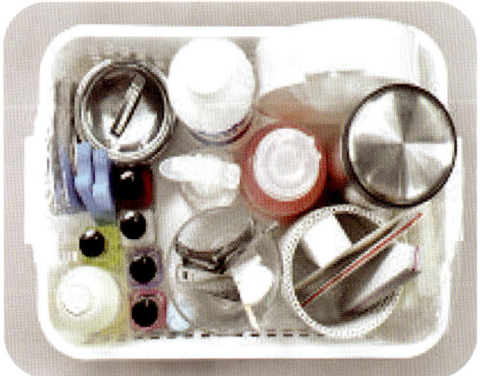

② 시술순서

1. 소독 준비

- 멸균 솜을 이용한다.
- 손 소독제는 에탄올을 사용한다.
- 멸균 솜에 에탄올(손 소독제) 적당량을 사용한다.

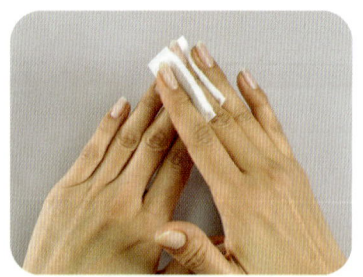

2. 시술자 소독

- 에탄올(손 소독제)을 이용한 멸균 솜을 사용한다.
- 시술자의 손등, 손바닥, 손가락 사이까지 꼼꼼하게 소독한다.

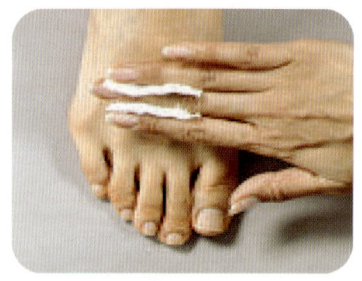

3. 모델 발 소독

- 에탄올(소독제)을 이용한 멸균 솜을 사용한다.
- 모델 발을 발등, 발바닥, 발가락 사이까지 꼼꼼하게 소독한다.

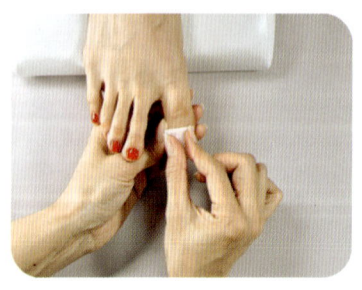

4. 기존 폴리시 제거

- 폴리시리무버를 이용하여 기존 폴리시를 제거한다.
- 리무버에 적신 코튼을 이용하여 한 발가락씩 꼼꼼하게 제거한다.

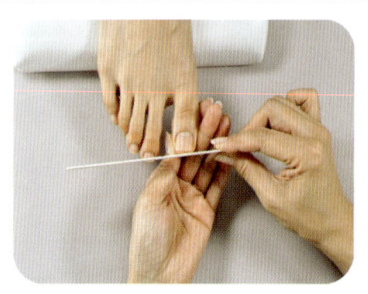

5. 패디 모양 잡기

- 패디의 모양을 스퀘어 형태로 우드 파일을 사용하여 한 방향으로 파일링 한다.

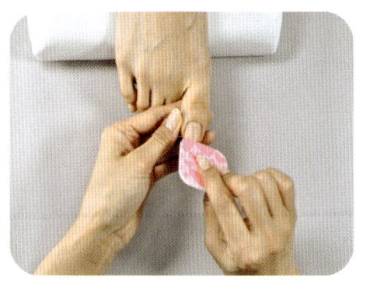

- 디스크 패드를 사용하여 프리에지 안쪽의 거스러미를 제거한다.

6. 거스러미 제거

- 화이트 샌딩을 사용하여 패디의 표면을 부드럽게 정리한다.

7. 표면 정리

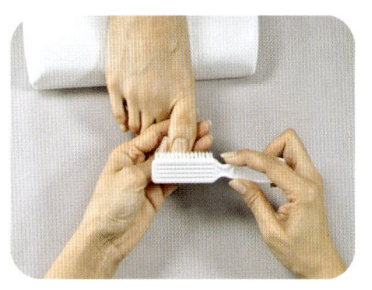

- 더스트 브러시를 이용하여 패디 주변에 먼지 또는 이물질을 제거한다.

8. 잔여물 제거

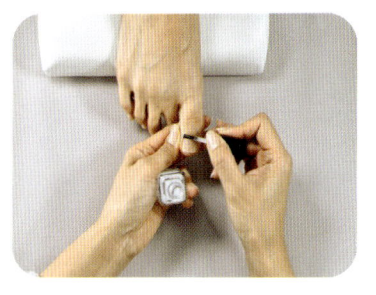

- 큐티클 라인에 큐티클 리무버를 도포한다.
- 큐티클 제거에 용이하도록 신속하게 한다.
- 습식 패디큐어 시술시 패디스파 또는 족탕기를 사용한다.
- 국기기술 자격 시험에는 분무기를 족탕기로 대체한다.

9. 큐티클 리무버

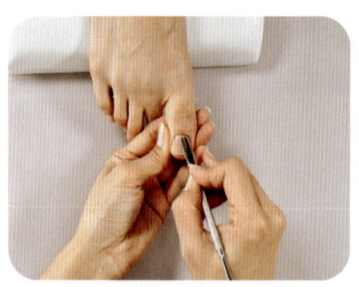

10. 큐티클 밀기

- 큐티클 푸셔를 사용하여 큐티클 제거가 수월하도록 밀어 올려준다.

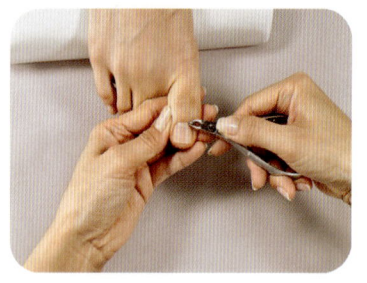

11. 큐티클 자르기

- 니퍼를 이용하여 큐티클을 제거한다.
- 큐티클 끝까지 너무 가깝게 제거되지 않도록 주의한다.
- 니퍼는 사용 후 에탄올로 분사 소독하여 소독기에 보관한다.

12. 토우세퍼레이터

- 패디에 유분을 제거하고 토우세퍼레이터를 발가락 사이에 끼워준다.

13. 베이스 코트

- 베이스 코트를 1회 바르기 한다.

- 브러시 끝 부분을 사용하여 프리에지에 베이스 코트를 도포한다.

14. 프리에지에 도포

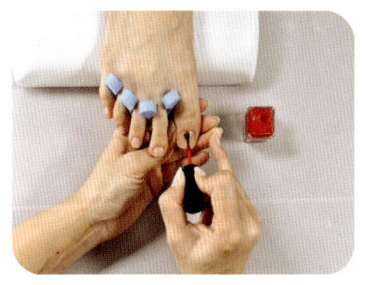

- 브러시 각도 45° 유지하며 2회 풀 코트 한다.

15. 레드 폴리시 도포

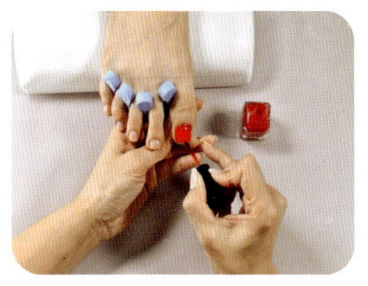

- 브러시에 남은 폴리시를 이용하여 프리엣지에 도포한다.

16. 프리에지 도포

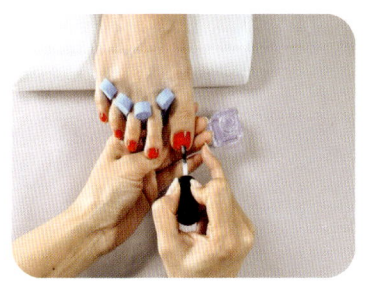

- 탑 코트를 패디 전체에 꼼꼼하게 발라준다.

17. 탑 코트 도포

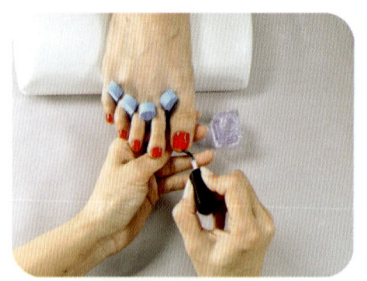

18. 프리에지에 탑 코트

- 브러시 끝을 사용하여 프리에지에 탑 코트를 도포한다.

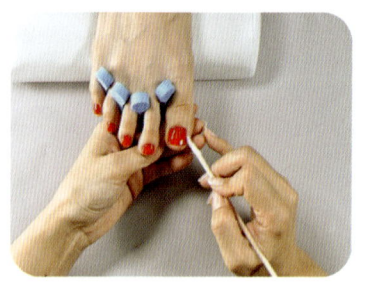

19. 잔여물 제거

- 오렌지 우드스틱에 멸균 솜을 감아 리무버를 적신 후 패디 주변의 잔여물을 제거한다.

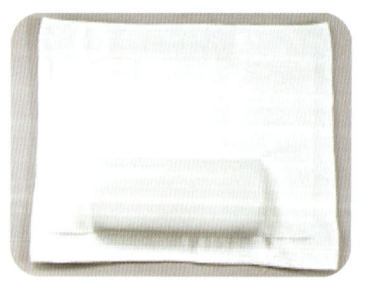

20. 작업대 정리

- 시술이 끝난 후에는 작업대를 깨끗하게 정리한다.

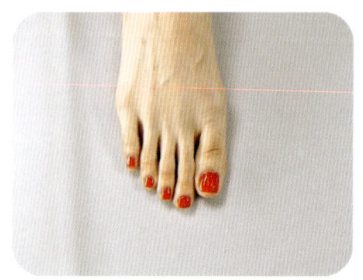

21. 패디 풀 코트 매니큐어 완성

# CHAPTER 03 네일 미용 기술

## ① 젤 마블 매니큐어

### 1) 직선 마블 매니큐어

#### (1) 준비물

- 주재료: 젤 레드 폴리시, 젤 화이트 폴리시, 젤 베이스, 젤 탑, 젤 클렌저, 젤 라이너 브러시, 팔레트(호일), 젤 UV 라이트 기기, 프라이머
- 기본 재료(바구니 세팅): 손 소독제, 멸균 솜, 멸균 거즈, 에탄올 담긴 유리 볼(오렌지 우드스틱, 푸셔, 니퍼, 클리퍼, 더스트 브러시), 지혈제, 페이퍼타월, 고객용 팔 받침대
- 파일 종류: 우드 파일, 화이트 샌딩 파일, 디스크 패드

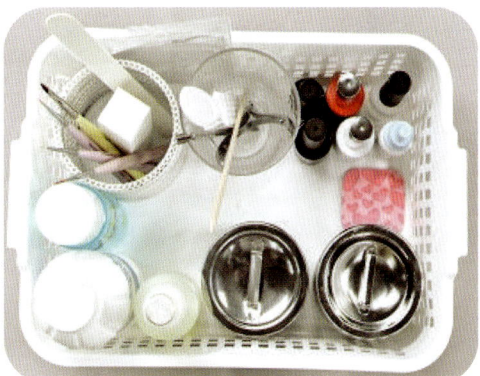

## (2) 시술순서

1. 소독 준비

- 멸균 솜을 이용한다.
- 손 소독제는 에탄올을 사용한다.
- 멸균 솜에 에탄올(손 소독제) 적당량을 사용한다.

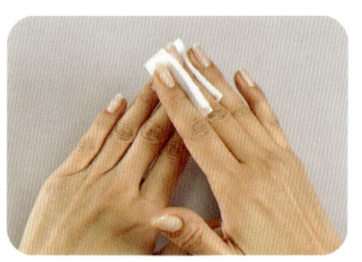

2. 시술자 소독

- 에탄올(손 소독제)을 이용한 멸균 솜을 사용한다.
- 시술자의 손등, 손바닥, 손가락 사이까지 꼼꼼하게 소독한다.

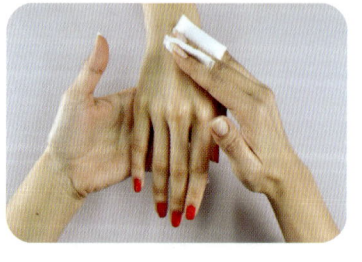

3. 모델 소독

- 에탄올(손 소독제)을 이용한 멸균 솜을 사용한다.
- 모델의 손등, 손바닥, 손가락 사이까지 꼼꼼하게 소독한다.

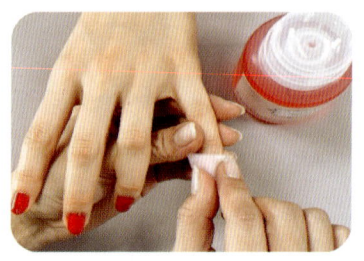

4. 기존 네일 폴리시 제거

- 폴리시리무버를 이용하여 기존 폴리시를 제거한다.
- 리무버에 적신 코튼을 이용하여 한 손가락씩 제거한다.

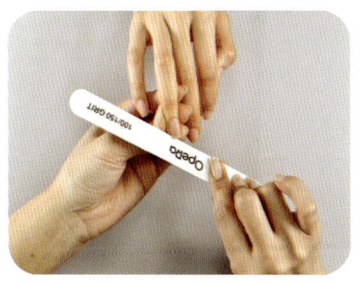

5. 네일 모양 정리

- 네일의 모양을 고려하여 적당한 길이로 자른다.
- 45° 각도로 파일을 유지하며 라운드 모양의 네일 형태로 파일링한다.

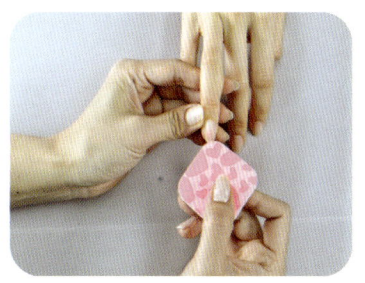

6. 거스러미 제거

- 디스크 패드를 이용하여 프리에지 안쪽에 남아 있는 거스러미까지 깨끗하게 제거한다.

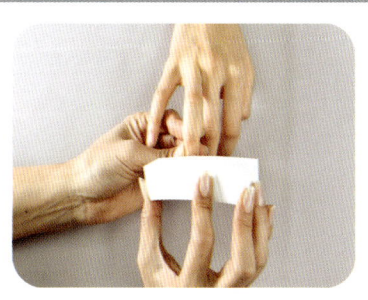

7. 표면정리

- 네일 표면의 울퉁불퉁함 화이트 샌딩 파일을 사용하여 매끄럽게 정리한다.

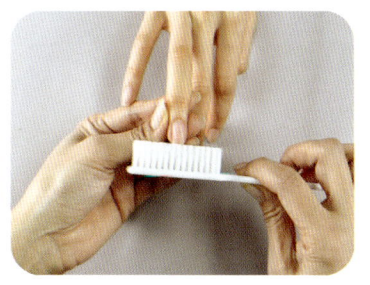

8. 잔여물 제거

- 더스트 브러시를 이용하여 네일 주변 잔여물을 제거한다.

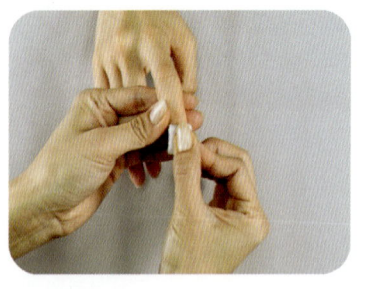

**9. 유분기 제거**

- 알코올 또는 젤 클렌저를 사용하여 네일 표면의 유분을 제거한다.

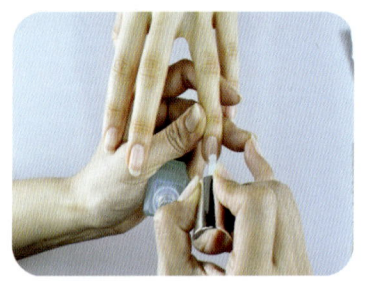

**10. 전 처리**

- 네일 바디의 pH 밸런스와 젤의 접착력을 높여주기 위해 프라이머(본더)를 사용하여 네일 전체에 도포해준다.
- 네일 주변이나 큐티클 라인에 닿지 않도록 주의 하여 도포한다.
- 국가 기술 자격시험 기준 제외

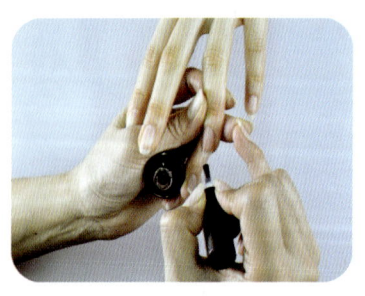

**11. 젤 베이스**

- 네일 전체에 베이스 젤 1회 도포한다.
- 프리엣지까지 꼼꼼하게 도포한다.
- 네일 주변으로 넘어가지 않도록 주의하며 도포한다.

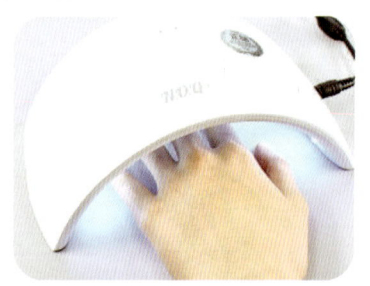

**12. 큐어링**

- 젤 램프 기기를 이용하여 베이스 젤을 큐어링 한다.
- 젤 클렌저를 이용하여 미경화된 젤을 제거한다.

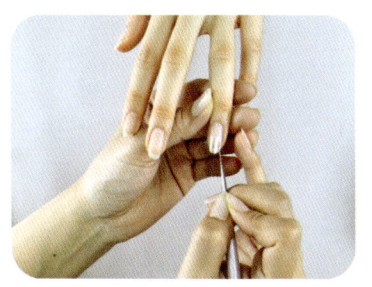

- 젤 화이트 폴리시를 사용하여 세로 선 4개를 일정하게 간격을 주면서 그려준다.

13. 젤 화이트 폴리시 사용

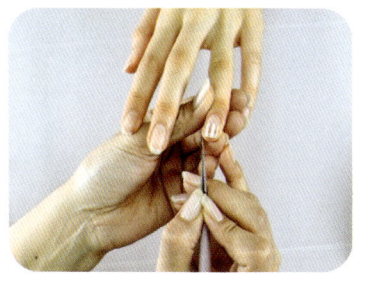

- 젤 화이트 젤 폴리시를 이용하여 프리엣지까지 꼼꼼하게 도포한다.

14. 프리에지 도포

- 젤 레드 폴리시를 사용하여 화이트 젤 사이를 채워 준다.
- 세로 선 4개를 일정하게 간격을 주면서 그려준다.

15. 젤 레드 폴리시 사용

- 젤 레드 폴리시를 사용하여 프리엣지까지 꼼꼼하게 도포한다.

16. 프리에지 사용

17. 마블선

• 사선 젤 브러시를 사용하여 마블 선을 그려준다.

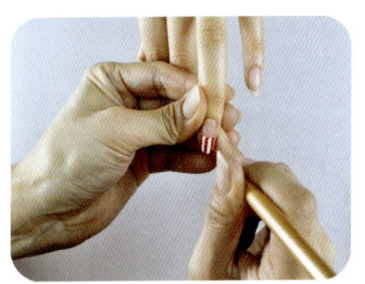

18. 교차 마블선

• 왼쪽에서 오른쪽 방향으로 마블 선을 그려준다.

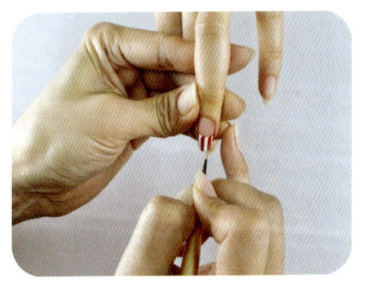

19. 교차 마블선

• 오른쪽에서 왼쪽 방향으로 마블 선을 그려준다.

20. 마블 큐어링

• 멸균 거즈를 사용하여 젤 클렌저로 주변 정리를 꼼꼼하게 한다.
• 젤 램프 기기를 이용하여 큐어링 한다.

- 네일 전체에 탑 젤을 도포한다.

21. 탑 젤 사용

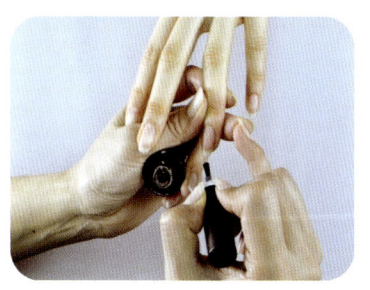

- 브러시 끝부분을 사용하여 프리에지에 탑 젤을 도포한다.

22. 프리에지 탑 젤 사용

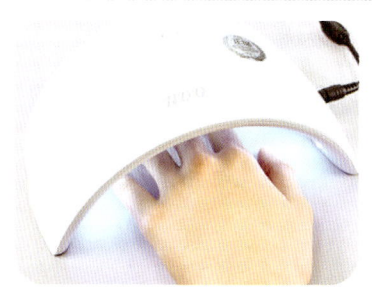

- 젤 램프 기기를 이용하여 탑 젤을 큐어링 해 준다.
- 미경화된 젤을 젤 클렌저로 닦아 준다.

23. 탑 젤 큐어링

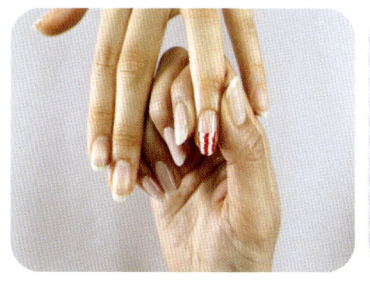 

24. 젤 매니큐어 직선 마블 완성

## 2) 부채꼴 마블 매니큐어

### (1) 준비물

- 주재료: 젤 레드 폴리시, 젤 화이트 폴리시, 젤 베이스, 젤 탑, 젤 클렌저, 젤 라이너 브러시, 팔레트(호일), 젤 라이트 기기, 프라이머
- 기본 재료(바구니 세팅): 손 소독제, 멸균 솜, 멸균 거즈, 에탄올 담긴 유리 볼(오렌지 우드스틱, 푸셔, 니퍼, 클리퍼, 더스트 브러시), 지혈제, 페이퍼타월, 고객용 팔 받침대
- 파일 종류: 우드 파일, 화이트 샌딩 파일

### (2) 시술 순서

1. 소독 준비

- 멸균 솜을 이용한다.
- 손 소독제는 에탄올을 사용한다.
- 멸균 솜에 에탄올(손 소독제) 적당량을 사용한다.

- 에탄올(손 소독제)을 이용한 멸균 솜을 사용한다.
- 시술자의 손등, 손바닥, 손가락 사이까지 꼼꼼하게 소독한다.

2. 시술자 소독

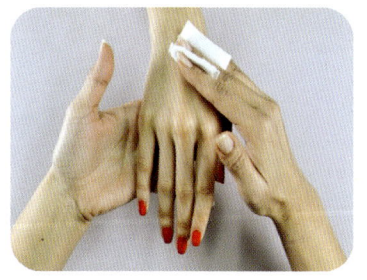

- 에탄올(손 소독제)을 이용한 멸균 솜을 사용한다.
- 모델의 손등, 손바닥, 손가락 사이까지 꼼꼼하게 소독한다.

3. 모델 소독

- 폴리시리무버를 이용하여 기존 폴리시를 제거한다.
- 리무버에 적신 코튼을 이용하여 한 손가락씩 제거한다.

4. 기존 네일 폴리시 제거

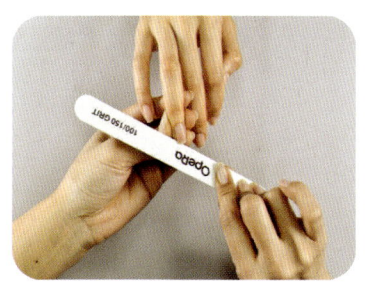

- 네일의 모양을 고려하여 적당한 길이로 자른다.
- 45° 각도로 파일을 유지하며 라운드 모양의 네일 형태로 파일링한다.

5. 네일 모양 정리

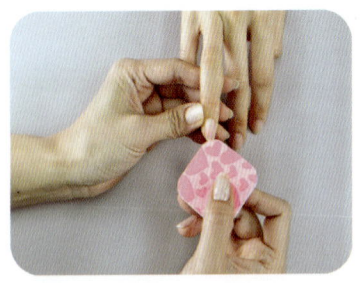

6. 거스러미 제거

- 디스크 패드를 이용하여 프리에지 안쪽에 남아 있는 거스러미까지 깨끗하게 제거 한다.

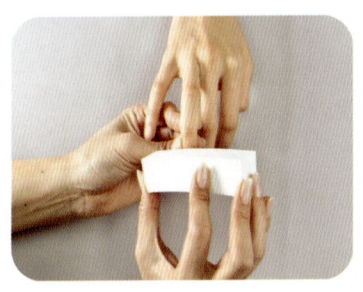

7. 표면정리

- 네일 표면의 울퉁불퉁함을 화이트 샌딩 파일을 사용하여 매끄럽게 정리한다.

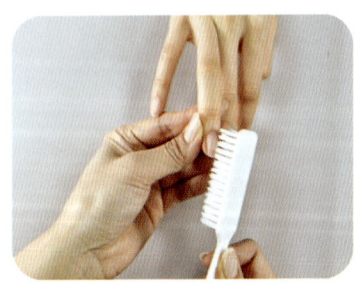

8. 잔여물 제거

- 더스트 브러시를 이용하여 네일 주변 잔여물을 제거한다.

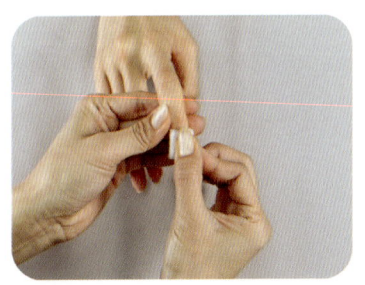

9. 유분기 제거

- 알코올 또는 젤 클렌저를 사용하여 네일 표면의 유분을 제거한다.

## PART 02 네일아트 실기

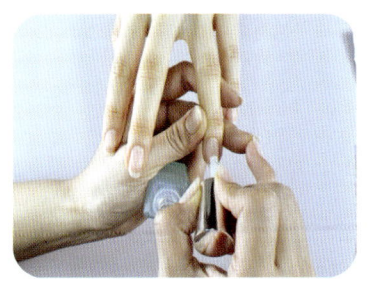

10. 전 처리

- 네일 바디의 pH 밸런스와 젤의 접착력을 높여주기 위해 프라이머(본더)를 사용하여 네일 전체에 도포해준다.
- 네일 주변이나 큐티클 라인에 닿지 않도록 주의 하여 도포한다.
- 국가 기술 자격시험 기준 제외

11. 젤 베이스

- 네일 전체에 베이스 젤 1회 도포한다.
- 프리엣지까지 꼼꼼하게 도포한다.
- 네일 주변으로 넘어가지 않도록 주의하며 도포한다.

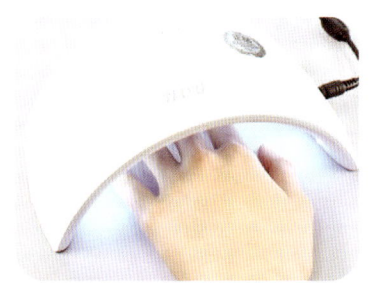

12. 큐어링

- 젤 램프 기기를 이용하여 베이스 젤을 큐어링한다.
- 젤 클렌저로 미경화된 젤을 제거한다.

13. 젤 레드 폴리시 사용

- 젤 레드 폴리시를 사용하여 네일 전체에 2회 반복 도포한다.

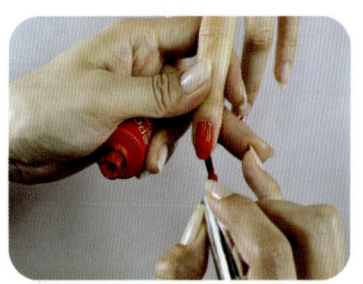

14. 프리에지 도포

- 브러시 끝부분을 사용하여 프리에지에 젤 레드 폴리시를 도포한다.

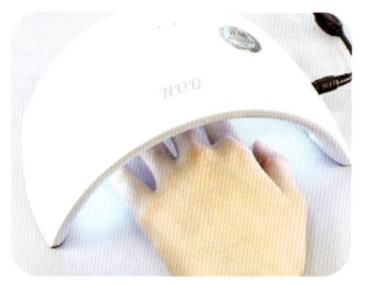

15. 레드 젤 폴리시 큐어링

- 젤 램프 기기를 이용하여 젤 레드 폴리시를 큐어링 해준다.
- 큐어링 후 젤 클렌저를 사용하여 미경화된 젤을 제거한다.

16. 화이트 젤 가로 아치선 4개

- 젤 화이트 폴리시를 좌우 대칭을 맞추어 둥근 부채꼴 모양으로 선 4개 그려준다.
- 사이드, 후리엣지 부분까지 꼼꼼하게 채워준다.

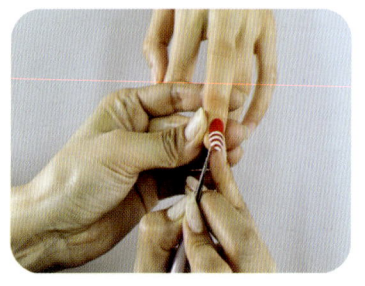

17. 레드 젤 가로 아치선 3개

- 젤 레드 폴리시를 좌우 대칭을 맞추어 둥근 부채꼴 모양으로 선 3개 그려준다.
- 젤 화이트 폴리시를 넘어가지 않도록 주의한다.

## PART 02 네일아트 실기

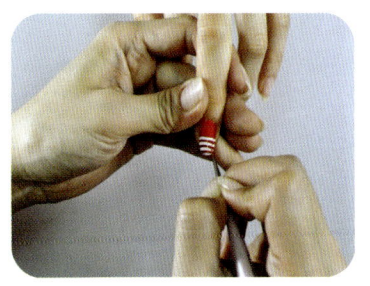

18. 마블선 7개

- 후리엣지 정 중앙에 중심점을 두고 일정한 간격을 유지하며 마블선 7개 그려준다.
- 간격의 차이가 나지 않도록 주의하며 그려준다.
- 큐어링 전 반드시 주변의 묻어있는 젤을 멸균 거즈로 정리한다.

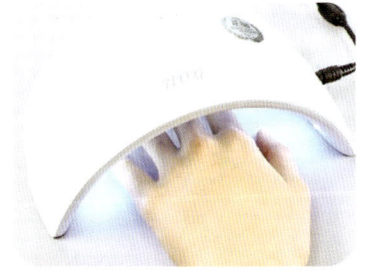

19. 젤 마블 큐어링

- 젤 램프 기기를 이용하여 부채꼴 마블을 큐어링한다.
- 큐어링 후 미경화된 젤을 젤 클렌저를 사용하여 닦아낸다.

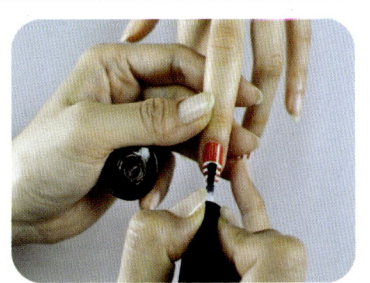

20. 젤 탑 사용

- 네일 전체에 젤 탑을 도포한다.
- 큐티클 위로 넘어가지 않도록 주의하며 도포한다.

21. 프리에지에 젤 탑 사용

- 브러시 끝부분을 사용하여 젤 탑을 도포한다.

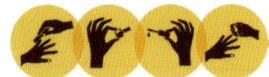

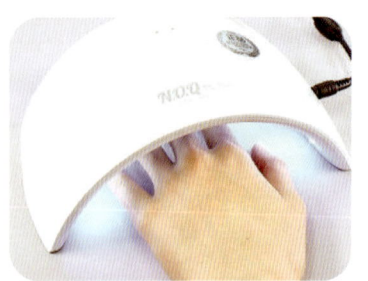

22. 젤 탑 큐어링

- 젤 램프 기기를 이용하여 젤 탑을 큐어링한다.
- 큐어링 후 미경화된 젤을 젤 클렌저로 닦아낸다.

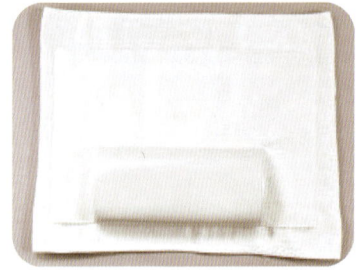

23. 작업대 정리

- 시술이 끝난 후에는 작업대를 깨끗하게 정리한다.

24. 젤 매니큐어 부채꼴 마블완성

## ② 인조 네일

### 1) 내추럴 팁위드 랩

#### (1) 준비물

- 주재료: 레귤러, 팁 커터, 라이트 글로, 젤 글루, 글루 드라이, 네일 랩(실크), 필러파우더, 실크 가위
- 기본 재료(바구니 세팅): 손 소독제, 멸균 솜, 멸균 거즈, 폴리시 리무버, 에탄올 담긴 유리볼 (오렌지 우드스틱, 푸셔, 니퍼, 클리퍼, 더스트 브러시), 지혈제, 페이퍼타월, 고객용 팔 받침대
- 파일 종류: 지브라 파일, 우드 파일, 화이트 샌딩 파일, 샌딩 피일, 샤이너, 디스크 패드

#### (2) 시술 순서

1. 소독 준비

- 멸균 솜을 이용한다.
- 손 소독제는 에탄올을 사용한다.
- 멸균 솜에 에탄올(손 소독제) 적당량을 사용한다.

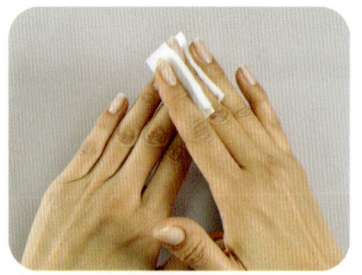

2. 시술자 소독

- 에탄올( 손 소독제)이 적셔진 멸균 솜을 사용한다.
- 시술자의 손등, 손바닥, 손가락 사이까지 꼼꼼하게 소독한다.

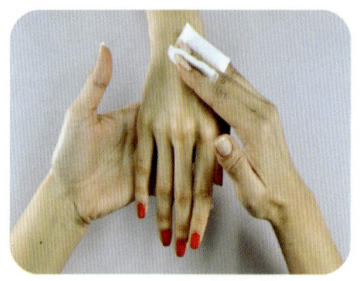

3. 모델 소독

- 에탄올(손 소독제)을 이용한 멸균 솜을 사용한다.
- 모델의 손등, 손바닥, 손가락 사이까지 꼼꼼하게 소독한다.

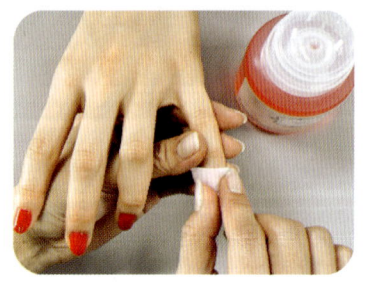

4. 기존 네일 폴리시 제거

- 폴리시리무버를 이용하여 기존 폴리시를 제거한다.
- 리무버에 적신 코튼을 이용하여 한 손가락씩 제거한다.

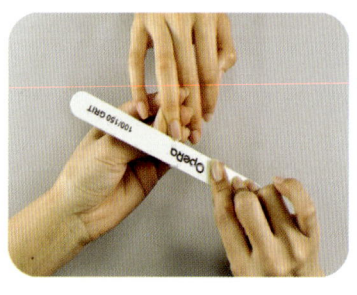

5. 네일 모양 정리

- 네일의 모양을 고려하여 적당한 길이로 자른다.
- 45° 각도로 파일을 유지하며 라운드 모양의 네일 형태로 파일링한다.

## PART 02 네일아트 실기

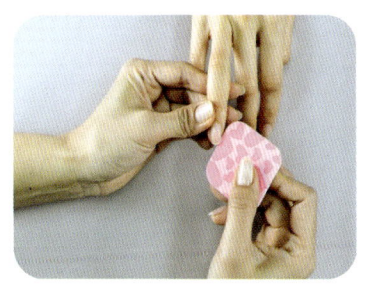

6. 거스러미 제거

- 디스크 패드를 이용하여 프리에지 안쪽에 남아 있는 거스러미까지 깨끗하게 제거한다.

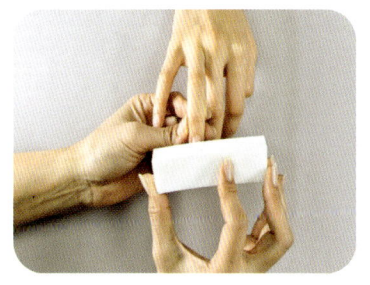

7. 표면정리

- 네일 표면의 울퉁불퉁함을 화이트 샌딩 파일을 사용하여 매끄럽게 정리한다.

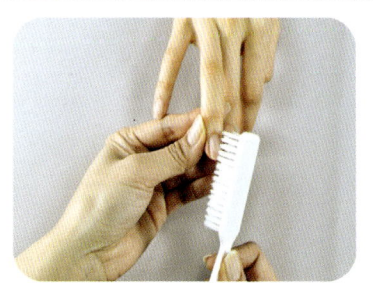

8. 잔여물 제거

- 더스트 브러시를 이용하여 네일 주변 잔여물을 제거한다.

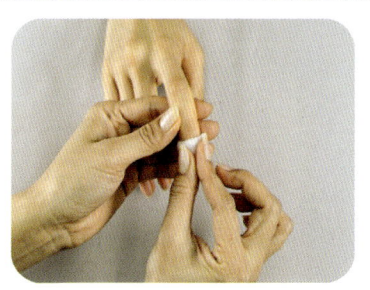

9. 유분기 제거

- 폴리시리무버를 사용하여 네일 표면의 유분을 제거한다.

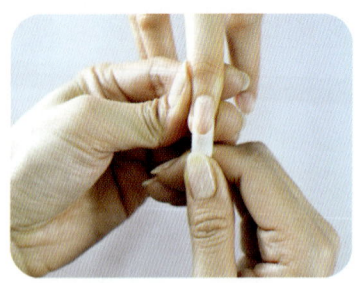

10. 레귤러 팁 고르기

- 레귤러 팁을 네일 사이즈를 고려하여 선택한다.
- 자연 네일보다 조금 큰 사이를 선택한다.
- 양쪽 스트레스 포인트까지 올라오며 사이드 스트레이트가 일직선이 되도록 주의 하여 팁을 선택한다.
- 라이트 글로 또는 젤 글로를 사용하여 팁의 웰 부분 안쪽에 적당히 도포하여 부착한다.

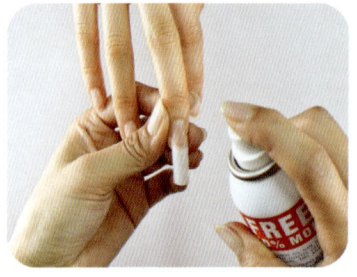

11. 글로 드라이 뿌리기

- 글로 드라이를 사용하여 팁을 빠르게 고정시킨다.
- 드라이 사용 시 거리를 유지하면서 도포해 준다.

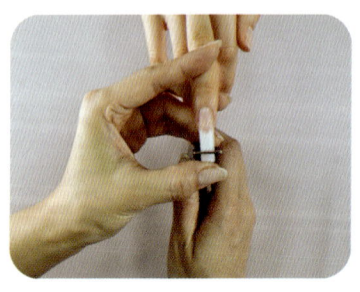

12. 팁 커터 사용

- 적당한 길이를 고려하여 팁을 재단한다.
- 팁 커터가 팁과 일직선이 되도록 한다.
- 시술자 손가락 사이에 모델의 손가락을 잡고 엄지로 팁의 끝부분을 고정한 후 팁 커터로 자른다.

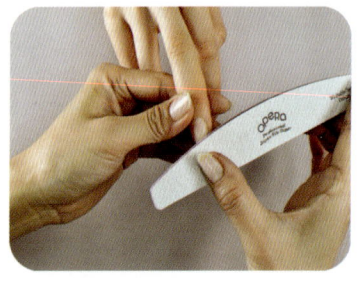

13. 네일 팁 턱 제거

- 지브라 파일을 이용하여 팁의 턱 부분을 파일링 한다.
- 자연 네일이 손상되지 않도록 주의하여 팁 턱을 파일링 한다.

14. 네일 표면 정리

- 샌딩 파일을 사용하여 네일 의 표면을 정리 해준다.

15. 잔여물 제거

- 더스트 브러시를 사용하여 네일 표면의 잔여물을 제거해 준다.

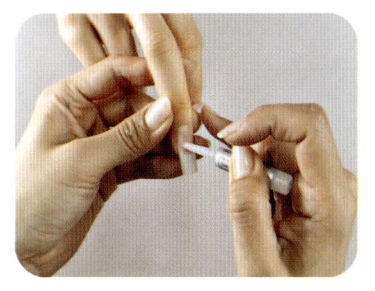

16. 글로 사용

- 팁과 자연 네일의 경계면이 되는 턱 부분을 글로를 사용하여 채워 준다.
- 네일 전체에 글로를 골고루 바른다.

17. 필러파우더 뿌리기

- 필러 파우더를 2~3회 반복하여 팁 턱의 경계 면을 채워 준다.

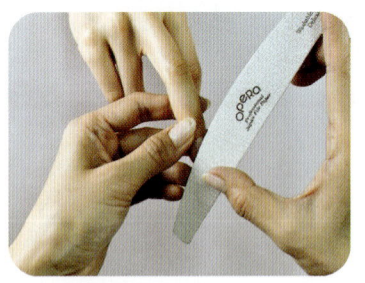

18. 표면 정리

- 파일을 이용하여 채워진 표면을 매끄럽게 파일링 한다.
- 큐티클 라인 부분이 닿지 않도록 주의해서 시술한다.

19. 표면 샌딩

- 샌딩 파일을 사용하여 거친 파일로 생긴 스크래치를 제거해주고 표면을 매끄럽게 정리 해준다.

20. 잔여물 제거

- 더스트 브러시를 사용하여 네일의 잔여물을 깨끗하게 제거해준다.

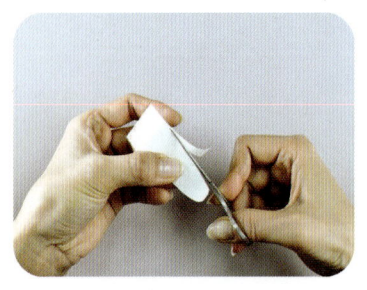

21. 네일 랩 재단

- 실크가위로 네일 랩을 네일 사이즈에 알맞게 재단한다.
- 전체 팁의 길이보다 조금 길게 재단한다.
- 큐티클 부분은 라운드 형태로 재단한다.

## PART 02 네일아트 실기

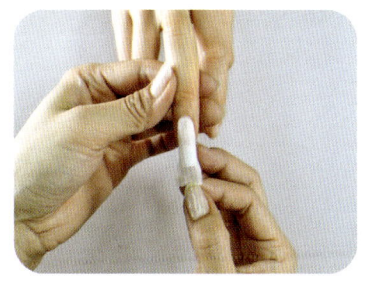

22. 네일 랩 부착하기

- 재단한 네일 랩을 큐티클 쪽으로 너무 가깝지 않도록 하여 붙여 준다.

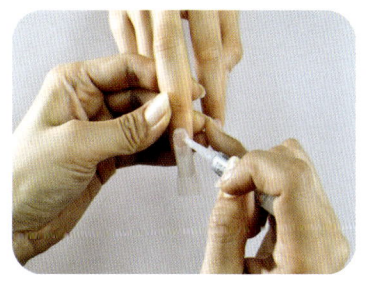

23. 글로로 고정

- 네일 랩이 잘 접착되도록 라이트 글로로 고정시켜 준다.

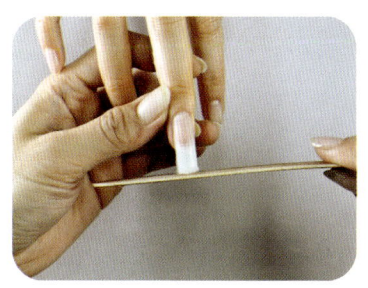

24. 실크 턱 제거

- 부드러운 우드 파일을 사용하여 실크 턱을 제거해준다.
- 후리엣지, 사이드, 큐티클 라인까지 실크의 턱을 제거한다.

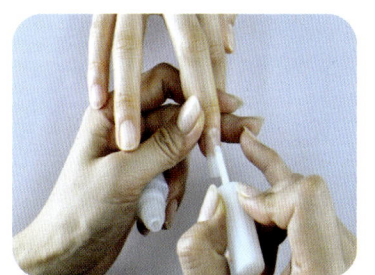

25. 젤 글로 바르기

- 실크를 보호하고 팁을 오래 유지 하도록 젤 글루를 도포해준다.

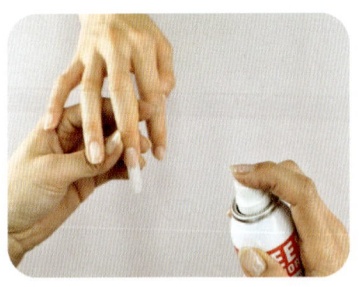

26. 글로드라이 사용

- 젤 글로 건조를 신속히 하기 위해 글로 드라이를 도포한다.
- 적당한 거리를 유지하며 드라이를 사용한다.

27. 표면 정리

- 표면을 매끄럽게 샌딩하여 표면을 정리해준다.

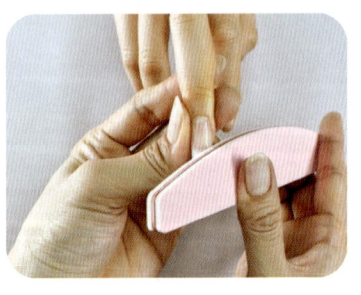

28. 표면 광내기

- 샤이너 파일을 사용하여 광이 나도록 파일링 해준다.

29. 팁위드 랩 완성

- 건조해진 큐티클 라인에 오일을 사용하여 유분을 제공해 준다.
- 시술이 끝난 후에는 작업대를 깨끗하게 정리한다.

 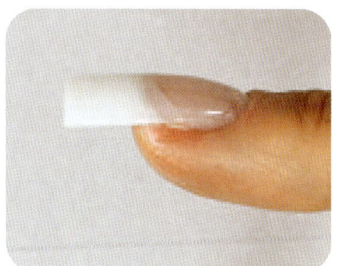 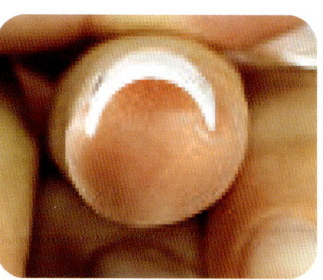

내추럴 팁위드 랩 완성

## 2) 네일랩 익스텐션

### (1) 준비물

- 주재료: 레귤러, 라이트 글로, 젤 글루, 글루 드라이, 네일 랩(실크), 필러 파우더, 실크 가위
- 기본 재료(바구니 세팅): 손 소독제, 멸균 솜, 멸균 거즈, 폴리시 리무버, 에탄올 담긴 유리볼(오렌지 우드스틱, 푸셔, 니퍼, 클리퍼, 더스트 브러시), 지혈제, 페이퍼타월, 고객용 팔 받침대
- 파일 종류: 지브라 파일, 우드 파일, 화이트 샌딩 파일, 피니셔, 광 파일

## (2) 시술순서

1. 소독 준비

- 멸균 솜을 이용한다.
- 손 소독제는 에탄올을 사용한다.
- 멸균 솜에 에탄올(손 소독제) 적당량을 사용한다.

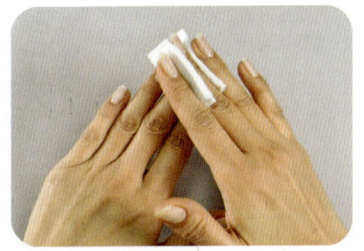

2. 시술자 소독

- 에탄올(손 소독제)이 적셔진 멸균 솜을 사용한다.
- 시술자의 손등, 손바닥, 손가락 사이까지 꼼꼼하게 소독한다.

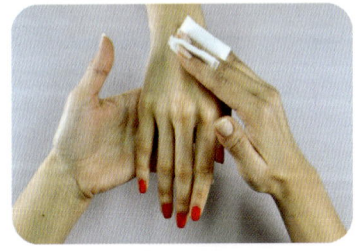

3. 모델 손 소독

- 에탄올(손 소독제)을 이용한 멸균 솜을 사용한다.
- 모델의 손등, 손바닥, 손가락 사이까지 꼼꼼하게 소독한다.

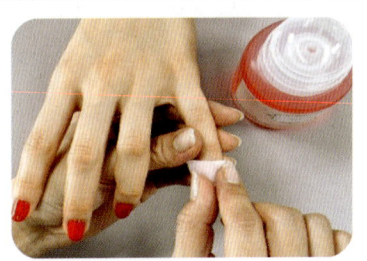

4. 기존 네일 폴리시 제거

- 폴리시리무버를 이용하여 기존 폴리시를 제거한다.
- 리무버에 적신 코튼을 이용하여 한 손가락씩 제거한다.

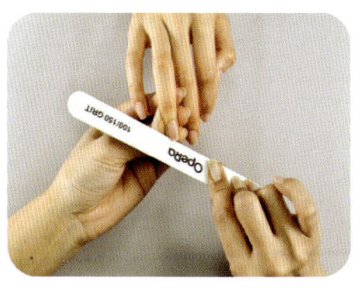

- 네일의 모양을 고려하여 적당한 길이로 자른다.
- 45° 각도로 파일을 유지하며 라운드 모양의 네일 형태로 파일링한다.

5. 네일 모양 정리

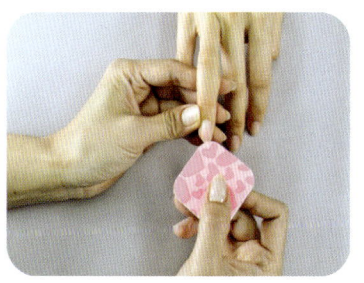

- 디스크 패드를 이용하여 프리에지 안쪽에 남아 있는 거스러미까지 깨끗하게 제거한다.

6. 거스러미 제거

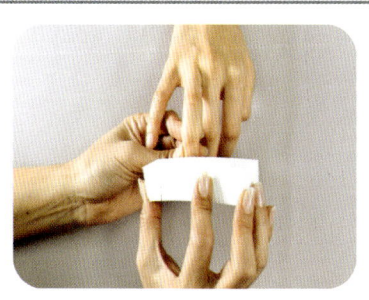

- 네일 표면의 울퉁불퉁함을 화이트 샌딩 파일을 사용하여 매끄럽게 정리한다.

7. 표면정리

- 더스트 브러시를 이용하여 네일 주변 잔여물을 제거한다.

8. 잔여물 제거

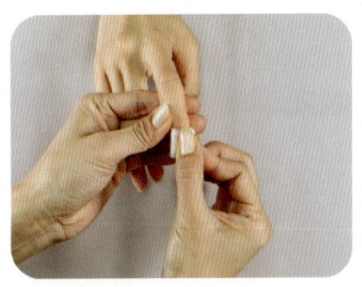

9. 유분기 제거

- 폴리시리무버를 사용하여 네일 표면의 유분을 제거한다.

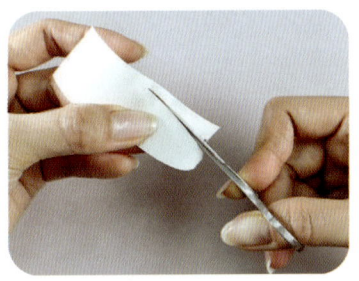

10. 네일 랩 재단

- 네일 사이즈에 맞도록 실크를 실크가위로 재단한다.
- 큐티클 쪽은 큐티클 라인에 맞게 둥글게 재단한다.

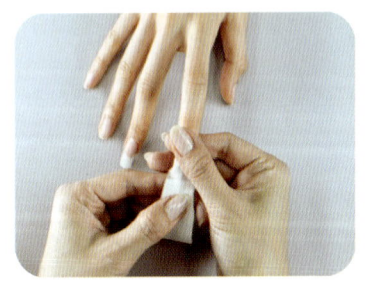

11. 네일 랩

- 네일 랩을 큐티클과 너무 가깝지 않도록 주의해서 붙여준다.
- 실크 랩이 고정될 수 있도록 글루를 발라준다.

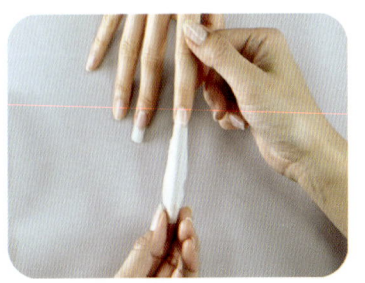

12. C 커브

- 재단하여 네일에 붙인 실크를 C 커브 모양이 나오도록 고정해 준다.

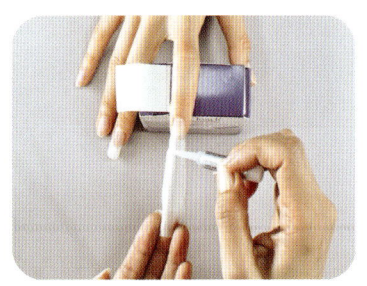

13. 네일 랩 형태

- C 커브가 만들어진 네일 랩에 라이트 글루를 바른 후 필러파우더로 랩의 형태를 만들어 준다.

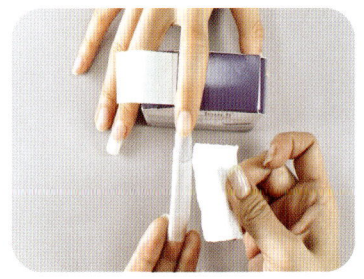

14. 주변 정리

- 페이퍼 타월을 사용하여 닦아 준다.
- 글루 드라이를 골고루 도포하여 형태를 고정한다.

15. 길이 조절

- 클리퍼로 네일 랩의 길이를 정하여 잘라 낸다.

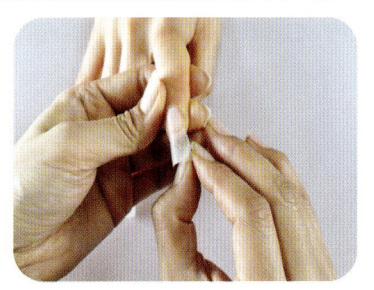

16. 핀 칭

- C 커브가 나오도록 조심스럽게 핀칭을 준다.

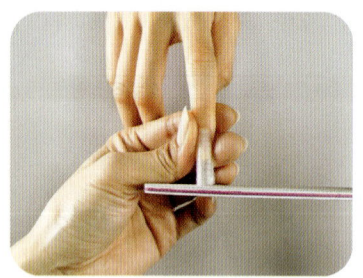

17. 파일

- 적당한 파일로 표면 파일링을 하여 고르게 만들어 준다.
- 길이 조절 – 사이드 스트레이트 – 하이포인트 – 큐티클 라인을 고려하여 파일링 해준다.

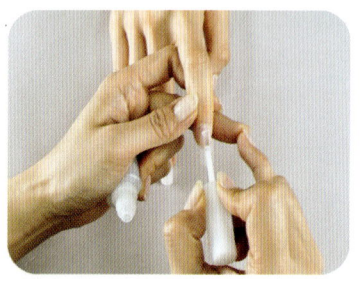

18. 젤 글루

- 젤 글루를 전체에 얇고 꼼꼼하게 도포하여 코팅한다.

19. 글루 드라이

- 젤 글루를 빠르게 건조시키기 위해 글루 드라이를 도포한다.

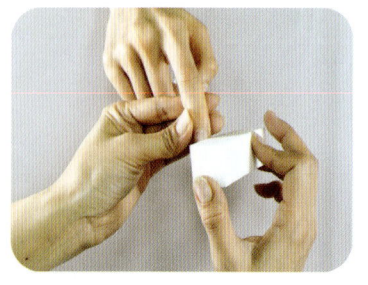

20. 표면 정리

- 샌딩 파일을 사용하여 표면을 매끄럽고 부드럽게 정리해 준다.

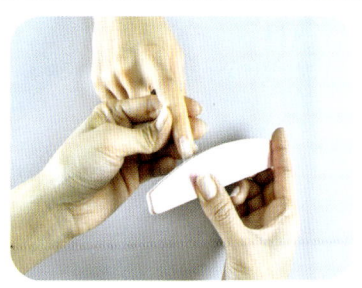

- 샤이너 파일을 사용하여 인조 네일 표면을 매끄럽고 광이 나도록 파일링 해준다.
- 네일 주변이 건조함을 막기 위해 큐티클 오일을 발라준다.

21. 마무리

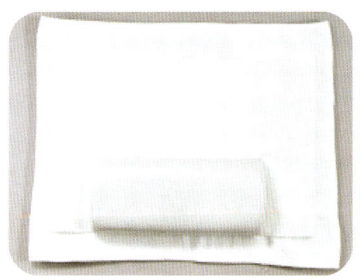

- 시술이 끝난 후에는 작업대를 깨끗하게 정리한다.

22. 작업대 정리

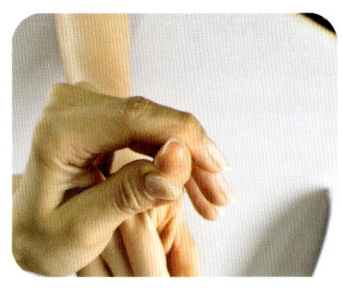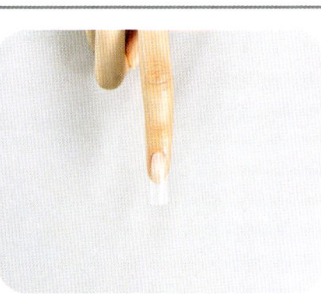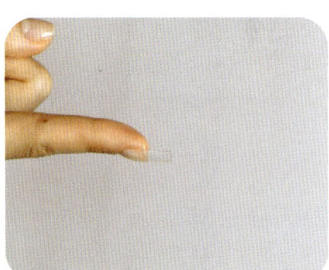

23. 네일 랩 익스텐션 완성

## 3) 젤 원톤 스컬프처

### (1) 준비물

- 주재료: 클리어 젤, 젤 베이스, 젤 탑, 젤 클렌저, 젤 플랫 브러시, 젤 라이트 기기, 젤 폼, 프라이머
- 기본 재료(바구니 세팅): 손 소독제, 멸균 솜, 멸균 거즈, 에탄올 담긴 유리 볼(오렌지 우드스틱, 푸셔, 니퍼, 클리퍼, 더스트 브러시), 지혈제, 페이퍼타월, 고객용 팔 받침대
- 파일 종류: 지브라 파일, 우드 파일, 화이트 샌딩 파일, 디스크 패드

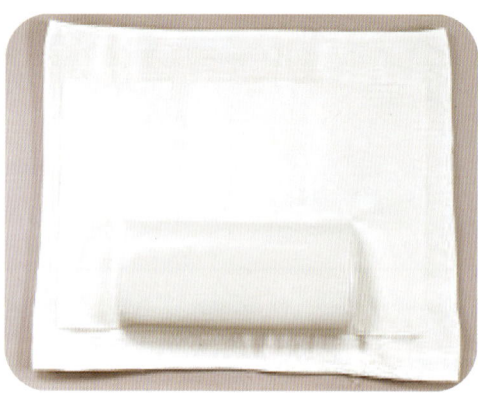
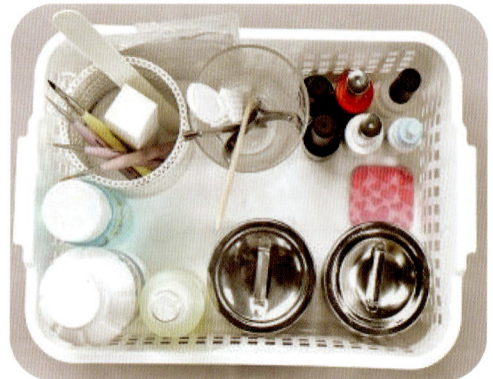

### (2) 시술 순서

1. 소독 준비

- 멸균 솜을 이용한다.
- 손 소독제는 에탄올을 사용한다.
- 멸균 솜에 에탄올(손 소독제) 적당량을 사용한다.

## PART 02 네일아트 실기

- 에탄올(손 소독제)이 적혀진 멸균 솜을 사용한다.
- 시술자의 손등, 손바닥, 손가락 사이까지 꼼꼼하게 소독한다.

2. 시술자 소독

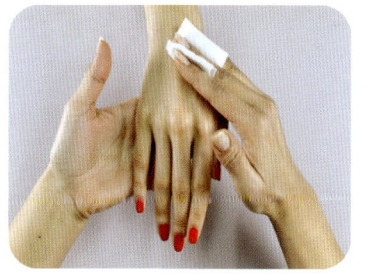

- 에탄올(손 소독제)을 이용한 멸균 솜을 사용한다.
- 모델의 손등, 손바닥, 손가락 사이까지 꼼꼼하게 소독한다.

3. 모델 소독

- 폴리시리무버를 이용하여 기존 폴리시를 제거한다.
- 리무버에 적신 코튼을 이용하여 한 손가락씩 제거한다.

4. 기존 네일 폴리시 제거

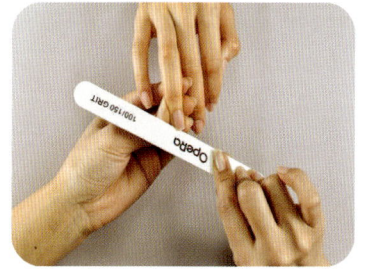

- 네일의 모양을 고려하여 적당한 길이로 자른다.
- 45° 각도로 파일을 유지하며 라운드 모양의 네일 형태로 파일링 한다.

5. 네일 모양

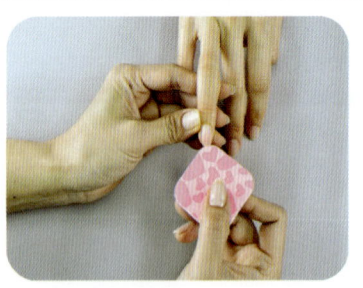

6. 거스러미 제거

- 디스크 패드를 이용하여 프리에지 안쪽에 남아 있는 거스러미까지 깨끗하게 제거한다.

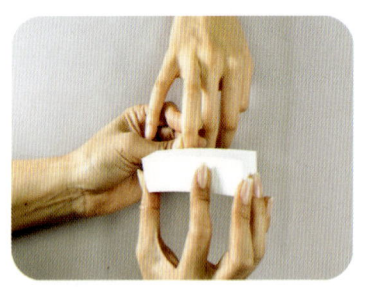

7. 표면정리

- 네일 표면을 화이트 샌딩 파일을 사용하여 매끄럽게 정리한다.

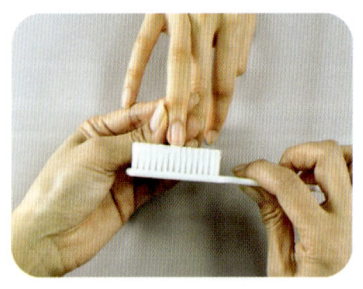

8. 잔여물 제거

- 더스트 브러시를 이용하여 네일 주변 잔여물을 제거한다.

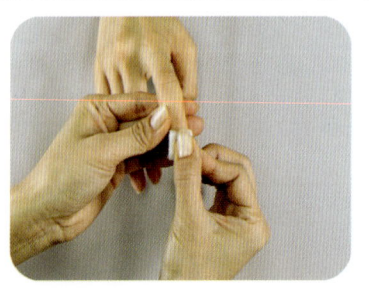

9. 유분기 제거

- 알코올 또는 젤 클렌저를 사용하여 네일 표면의 유분을 제거한다.

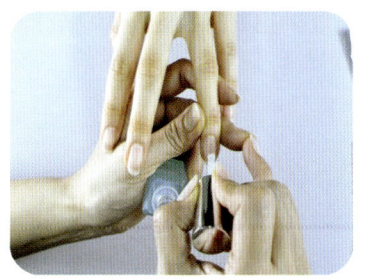

- 네일 바디의 pH 밸런스와 젤의 접착력을 높여주기 위해 프라이머(본더)를 사용하여 네일 전체에 도포해준다.
- 네일 주변이나 큐티클 라인에 닿지 않도록 주의하여 도포한다.
- 국가 기술 자격시험 기준 제외

10. 전 처리

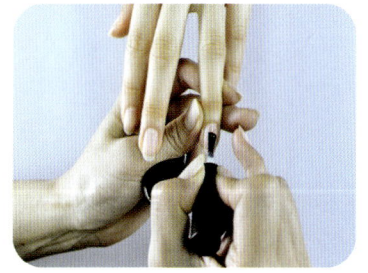

- 네일 전체에 베이스 젤 1회 도포한다.
- 후리엣지까지 꼼꼼하게 도포한다.
- 네일 주변으로 넘어가지 않도록 주의하며 도포한다.

11. 젤 베이스

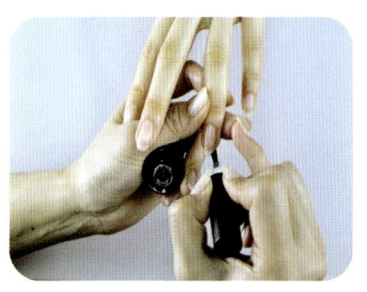

- 브러시 끝부분을 사용하여 후리에지에 베이스 젤을 도포한다.

12. 프리엣지 도포

- 젤 램프 기기를 이용하여 베이스 젤을 큐어링 한다.
- 젤 클렌저로 미경화된 젤을 제거한다.

13. 큐어링

**14. 네일 젤 폼 끼우기**

- 네일 폼과 자연 네일(엘로우 라인)의 중심을 맞추어 처지거나 들뜨지 않게 네일 폼을 부착시킨다.

**15. 클리어 젤 길이 연장**

- 네일 폼 위로 클리어 젤 올린다.
- 스마일 라인 윗부분에 클리어 젤을 올려 길이를 연장한다.
- 스퀘어 형태로 모양을 만든다.

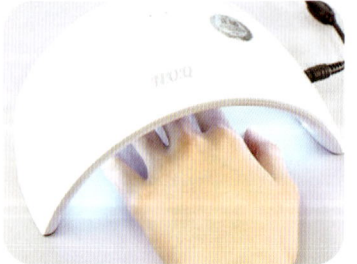

**16. 큐어링**

- 젤 램프 기기 안에서 프리에지에 올린 젤을 큐어링 한다.

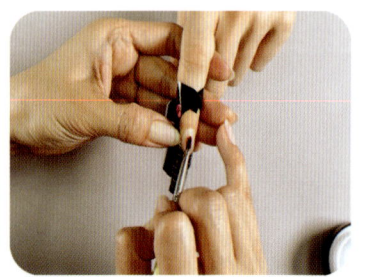

**17. 하이 포인트**

- 가장 높은 지점에 클리어 젤을 올려 하이 포인트를 자연스럽게 조형한다.

18. 젤 큐어링

- 젤 램프 기기 안에서 하이 포인트 부분에 올린 젤을 큐어링 한다.

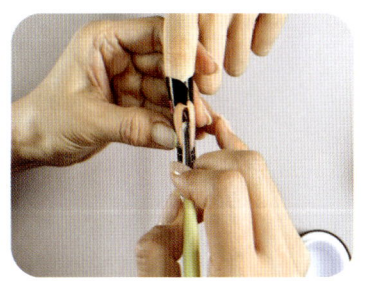

19. 큐티클 라인

- 큐티클 부분 가까이에 얇게 클리어 젤을 올려 자연스럽게 오버레이 한다.

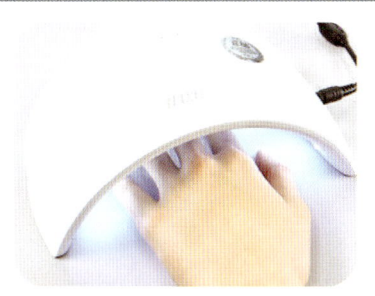

20. 젤 큐어링

- 젤 램프 기기 안에서 큐티클에 올린 젤을 큐어링 한다.

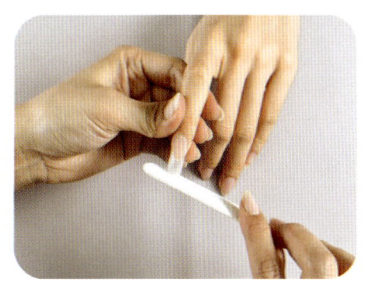

21. 길이 조절

- 표면 정리용 파일을 사용하여 네일 모양을 스퀘어 형태로 조절한다.

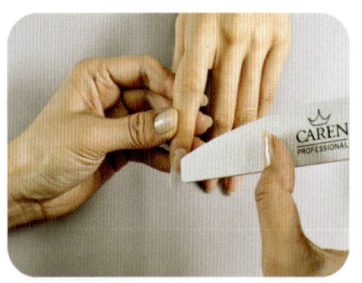

22. 표면파일

- 표면 정리용 파일을 이용하여 하이 포인트에서 곡선이 자연스럽게 연결되도록 표면 파일링 한다.

23. 표면 정리

- 화이트 샌딩을 사용하여 표면을 부드럽게 정리한다.

24. 잔여물 제거

- 더스트 브러시를 사용하여 네일 주변의 분진을 깨끗하게 제거한다.

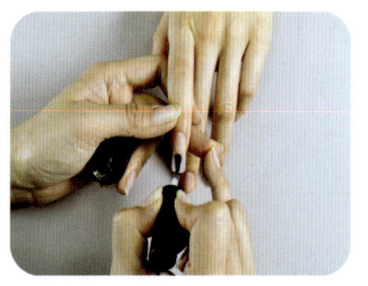

25. 탑 젤 도포

- 인조 네일 전체와 브러시 끝을 이용하여 후리엣지까지 꼼꼼하게 탑 젤을 도포한다.

## PART 02 네일아트 실기

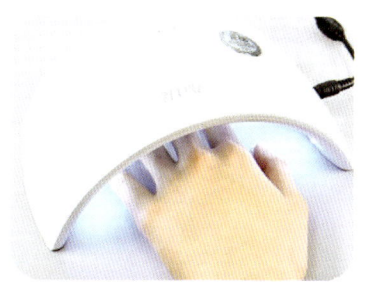

26. 탑 젤 큐어링

- 젤 램프를 이용하여 탑 젤을 큐어링 한다.

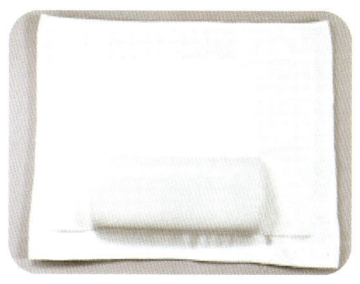

27. 작업대 정리

- 시술이 끝난 후에는 작업대를 깨끗하게 정리한다.

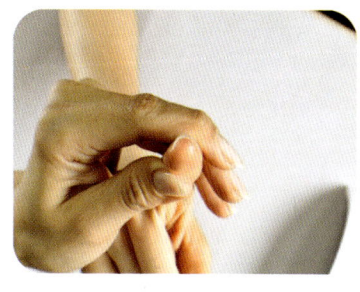 

28. 젤 원톤 스컬프처 완성

## 4) 아크릴 프렌치 스컬프처

### (1) 준비물

- 주재료: 아크릴 클리어 파우더, 아크릴 화이트 파우더, 아크릴 리퀴드, 아크릴 브러시, 아크릴 폼, 프라이머, 실크가위
- 기본 재료(바구니 세팅): 손 소독제, 멸균 솜, 멸균 거즈, 에탄올 담긴 유리 볼(오렌지 우드스틱, 푸셔, 니퍼, 클리퍼, 더스트 브러시), 지혈제, 페이퍼타월, 고객용 팔 받침대
- 파일 종류: 지브라 파일, 우드 파일, 화이트 샌딩 파일, 디스크 패드

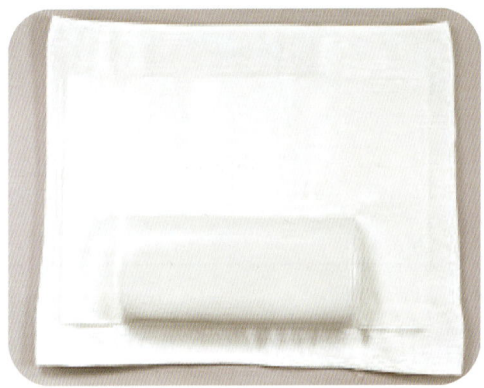 

### (2) 시술 순서

1. 소독 준비

- 멸균 솜을 이용한다.
- 손 소독제는 에탄올을 사용한다.
- 멸균 솜에 에탄올(손 소독제) 적당량을 사용한다.

## PART 02 네일아트 실기

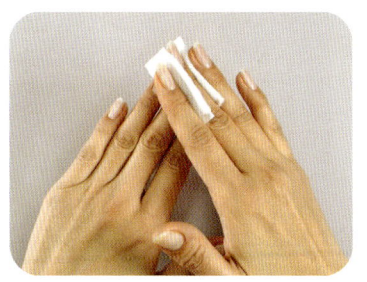

2. 시술자 소독

- 에탄올(손 소독제)이 적혀진 멸균 솜을 사용한다.
- 시술자의 손등, 손바닥, 손가락 사이까지 꼼꼼하게 소독한다.

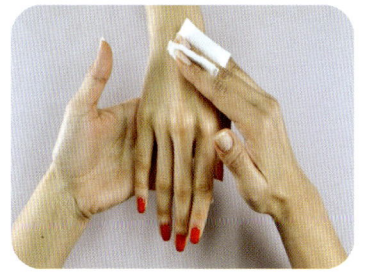

3. 모델 손소독

- 에탄올(손 소독제)을 이용한 멸균 솜을 사용한다.
- 모델의 손등, 손바닥, 손가락 사이까지 꼼꼼하게 소독한다.

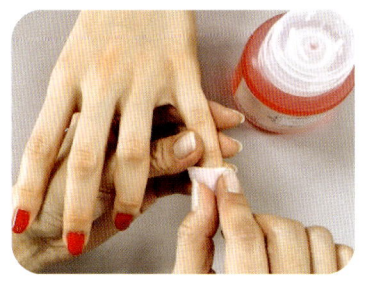

4. 기존 네일 폴리시 제거

- 폴리시리무버를 이용하여 기존 폴리시를 제거힌다.
- 솜 하나에 한 손가락씩 나누어 제거한다.
- 마무리에 새 솜으로 리무버를 사용하여 깨끗하게 제거한다.

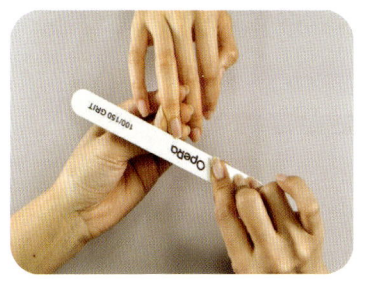

5. 네일 모양 정리

- 네일의 모양을 고려하여 적당한 길이로 자른다.
- 45° 각도로 파일을 유지하며 라운드 모양의 네일 형태로 파일링 한다.

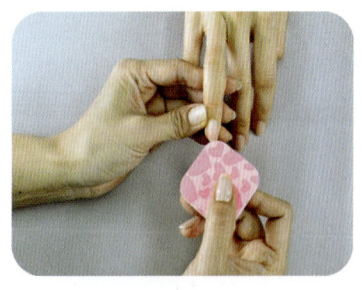

6. 거스러미 제거

- 디스크 패드를 이용하여 프리에지 안쪽에 남아 있는 거스러미까지 깨끗하게 제거한다.

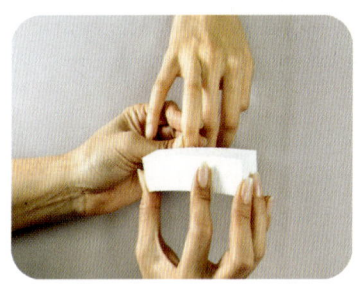

7. 표면정리

- 네일 표면의 울퉁불퉁함을 화이트 샌딩 파일을 사용하여 매끄럽게 정리한다.

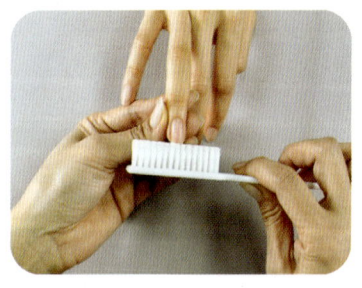

8. 잔여물 제거

- 더스트 브러시를 이용하여 네일 주변 잔여물을 제거한다.

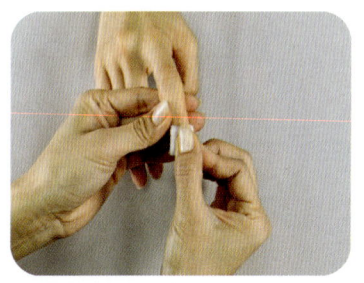

9. 유분기 제거

- 알코올 또는 젤 클렌저를 사용하여 네일 표면의 유분을 제거한다.

PART 02 **네일아트 실기**

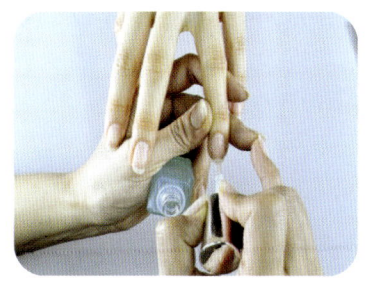

10. 전 처리

- 네일 바디의 pH 밸런스와 젤의 접착력을 높여주기 위해 프라이머(본더) 네일 전체에 도포해준다.
- 네일 주변이나 큐티클 라인에 닿지 않도록 주의하여 바른다.
- 국가 기술 자격시험 기준

11. 네일 폼

- 네일 폼과 자연 네일(옐로 라인)의 중심을 맞추어 쳐지거나 들뜨지 않게 네일 폼을 부착시킨다.

12. 화이트 볼 뜨기

- 아크릴 브러시에 적당량에 아크릴 리퀴드를 적셔 한 방향으로 원을 그리면 아크릴 화이트 볼을 완성한다.

13. 화이트 볼

- 자연 네일 옐로 라인 부분에 화이트 볼을 올려 프렌치 모양을 만들어 준다.
- 길이를 정하고 모양은 스퀘어 형태로 만든다.

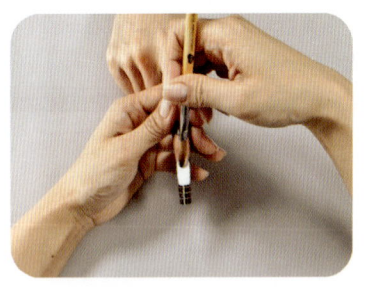

14. 스마일 라인

- 스마일 라인을 깔끔하게 만들기 위해 아크릴 브러시 끝부분을 사용하여 라인을 만들어 준다.
- 형태가 굳어지기 전에 신속하게 라인을 정리한다.

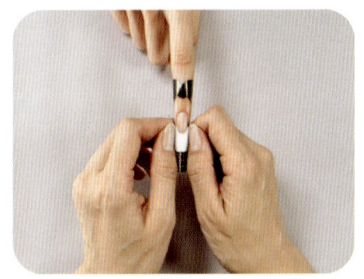

15. 핀 칭

- 아크릴 인조 네일이 굳기 전에 사이드 직선 라인이 평행이 되도록 핀칭을 준다.

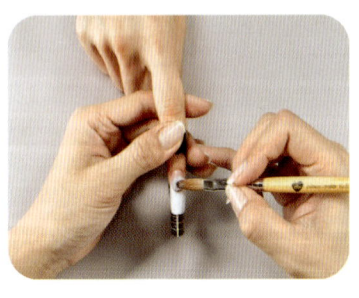

16. 아크릴릭 클리어 볼 올리기

- 스마일 라인 안쪽과 큐티클 부분에 얇게 핑크 또는 클리어 아크릴 파우더 볼을 올리고 자연스럽게 연결한다.

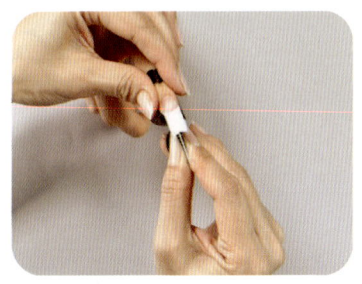

17. 네일 폼 제거

- 큐티클 윗부분에 접착된 네일 폼을 조심스레 떼어낸 후 프리에지 아래 부분에 네일 폼의 끝을 모아 밑으로 내려 떼어 낸다.

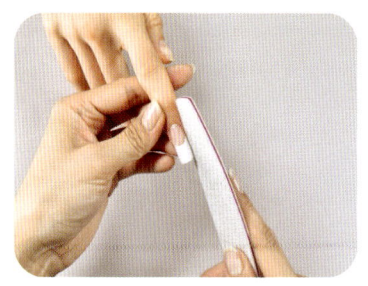

18. 표면 정리

- 표면정리 파일을 이용하여 하이 포인트에서 곡선이 자연스럽게 연결되는 아치형 형태로 파일링 한다.

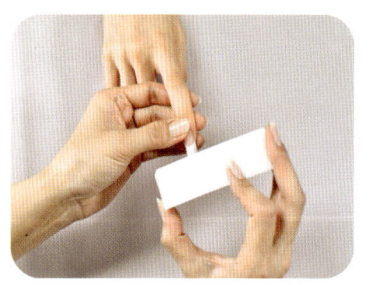

19. 표면 샌딩

- 화이트 샌딩 파일을 사용하여 표면을 부드럽게 정리한다.

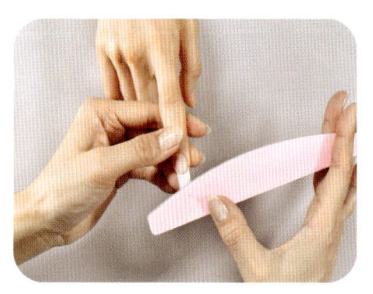

20. 광택내기

- 표면 전체를 광택용 파일을 이용하여 광택을 낸다.

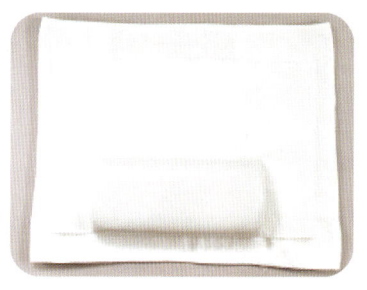

21. 작업대 정리

- 시술이 끝난 후에는 작업대를 깨끗하게 정리한다.

 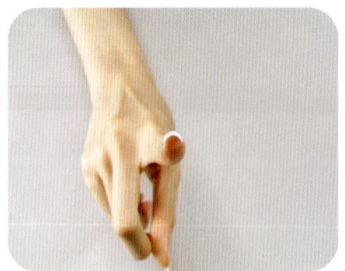 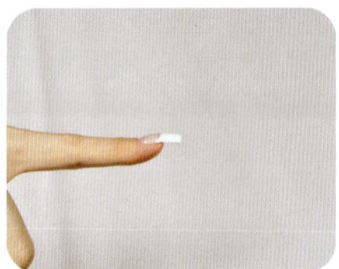

22. 아크릴릭 프렌치 스컬프처 완성

## ③ 인조 네일 제거

### 1) 퓨어 아세톤 인조네일 제거

#### (1) 준비물

- 주재료: 100% 속 오프 아세톤, 호일, 큐티클 오일
- 기본 재료(바구니 세팅): 손 소독제, 멸균 솜, 멸균 거즈, 에탄올 담긴 유리 볼(오렌지 우드스틱, 푸셔, 니퍼, 클리퍼, 더스트 브러시), 지혈제, 페이퍼타월, 고객용 팔 받침대
- 파일 종류: 우드 파일, 화이트 샌딩 파일

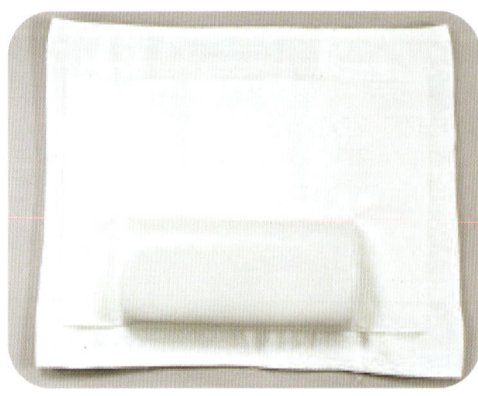 

## (2) 시술순서

1. 소독 준비

- 멸균 솜을 이용한다.
- 손 소독제는 에탄올을 사용한다.
- 멸균 솜에 에탄올(손 소독제) 적당량을 사용한다.

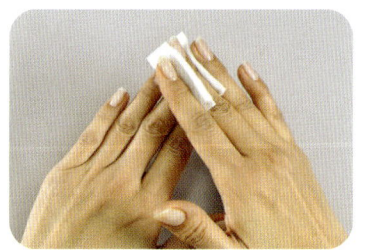

2. 시술자 소독

- 에탄올(손 소독제)이 적혀진 멸균 솜을 사용한다.
- 시술자의 손등, 손바닥, 손가락 사이까지 꼼꼼하게 소독한다.

3. 길이 재단

- 제거할 인조 네일의 길이를 클리퍼를 사용하여 재단한다.

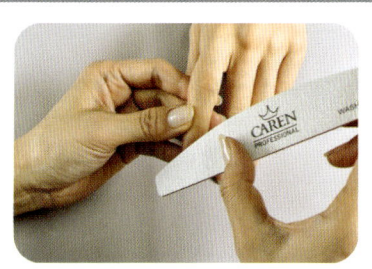

4. 파일링 하기

- 표면 정리 파일을 사용하여 인조 네일의 두께를 파일링 한다.

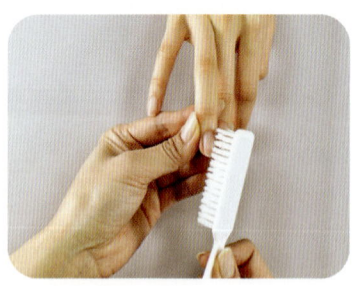

5. 잔여물 제거

- 더스트 브러시를 이용하여 네일 주변에 먼지 및 이물질을 제거한다.

6. 오일 도포

- 큐티클 주변의 건조를 방지하기 위해 큐티클 오일을 네일 주변과 큐티클 라인에 발라준다.

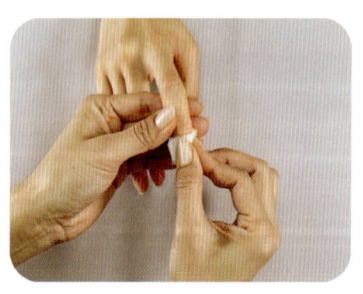

7. 솜 올리기

- 100% 아세톤을 솜에 적신 후 제거 할 네일 위에 올려준다.

8. 호일 감싸기

- 네일 위 솜을 호일로 감싸준다.

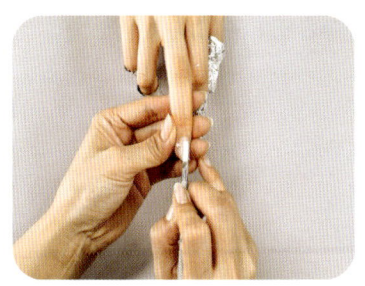

9. 푸셔 사용

- 적당히 시간이 경과된 후 호일을 제거하고 푸셔나 오렌지 우드스틱을 사용하여 녹은 인조 네일을 밀어서 제거 한다.

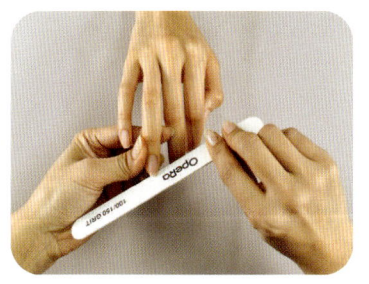

10. 파일로 제거

- 우드 파일을 사용하여 완전히 제거 되지 않은 인조네일 잔여물을 부드럽게 제거한다.

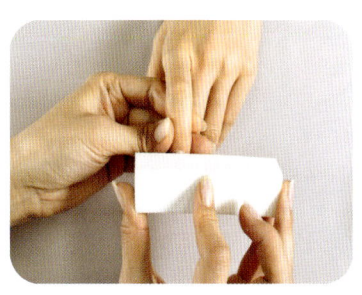

11. 표면 정리

- 샌딩 버퍼로 표면을 깨끗하게 정리한다.

12. 잔여물 제거

- 더스트 브러시를 사용하여 네일 주변의 이물질을 제거한다.

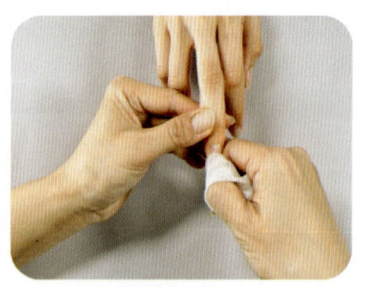

13. 마무리 유분 제거

• 거즈를 사용하여 남아있는 이물질과 유분을 제거한다.

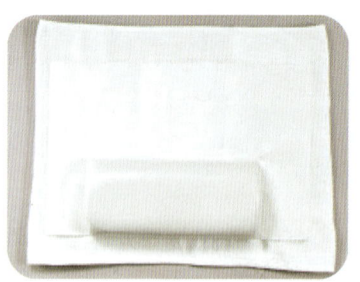

14. 작업대 정리

• 시술이 끝난 후에는 작업대를 깨끗하게 정리한다.

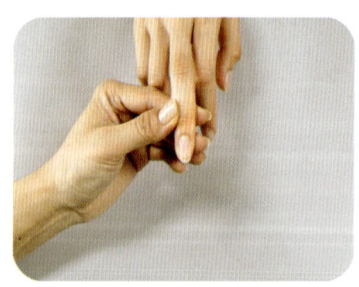

15. 인조 네일 제거 완성

## 2) 드릴머신 인조 네일 제거

### (1) 준비물

- 주재료: 드릴머신, 네일 비트, 흡진기
- 기본 재료(바구니 세팅): 손 소독제, 멸균 솜, 멸균 거즈, 에탄올 담긴 유리 볼(오렌지 우드스틱, 푸셔, 니퍼, 클리퍼, 더스트 브러시), 지혈제, 페이퍼타월, 고객용 팔 받침대
- 파일 종류: 우드 파일, 화이트 샌딩 파일

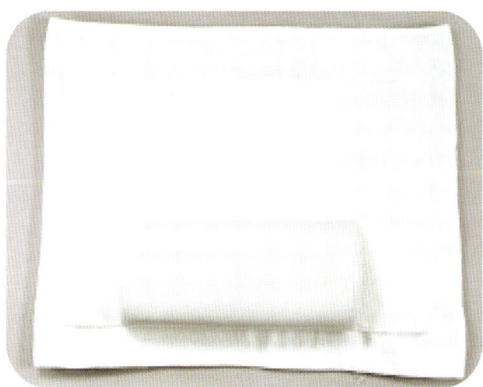
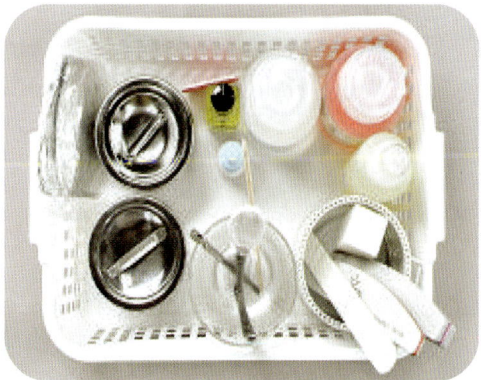

### (2) 시술순서

1. 소독 준비

- 멸균 솜을 이용한다.
- 손 소독제는 에탄올을 사용한다.
- 멸균 솜에 에탄올(손 소독제) 적당량을 사용한다.

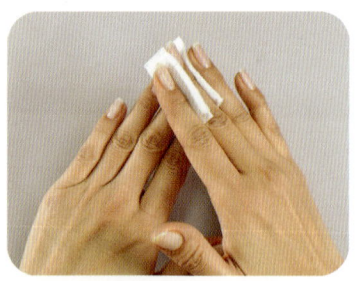

2. 시술자 소독

- 에탄올(손 소독제)을 이용한 멸균 솜을 사용한다.
- 시술자의 손등, 손바닥, 손가락 사이까지 꼼꼼하게 소독한다.

3. 길이 재단

- 제거할 인조 네일의 길이를 클리퍼를 사용하여 재단한다.

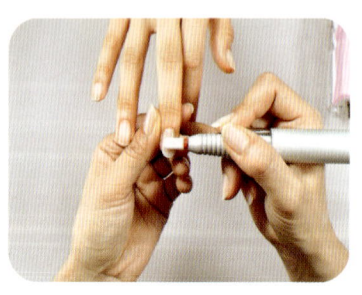

4. 드릴 사용

- 제거할 인조 네일 표면의 두께를 제거용 비트를 사용하여 드릴로 제거해준다.
- 오른쪽, 왼쪽 방향을 설정하여 역회전되지 않도록 주의하며 제거한다.
- 큐티클 가까이 드릴 기기가 가까이 가지 않도록 주의하며 제거한다.

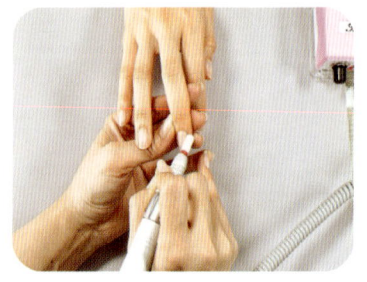

5. 사이드 제거

- 네일 측면의 두께를 후리엣지에서 큐티클 방향으로 곡선인 손톱의 면을 고려하여 각도를 주의하면서 제거한다.

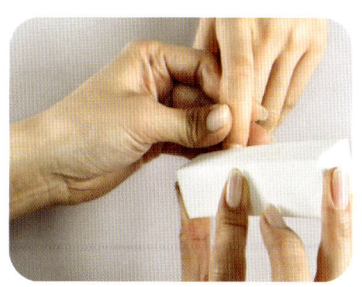

- 드릴 머신 사용 후 샌딩 버퍼로 표면을 정리해 준다.

6. 표면 정리하기

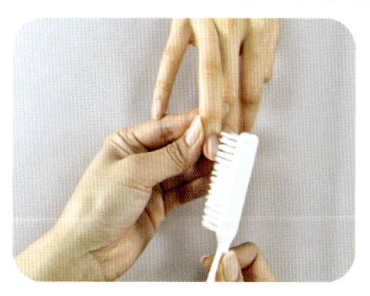

- 더스트 브러시를 사용하여 먼지 및 잔여물을 제거한다.

7. 잔여물 제거

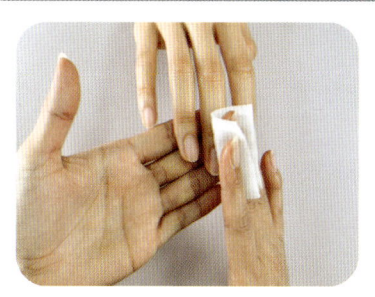

- 리무버를 사용하여 손톱 표면의 유분을 제거한다.

8. 유분제거

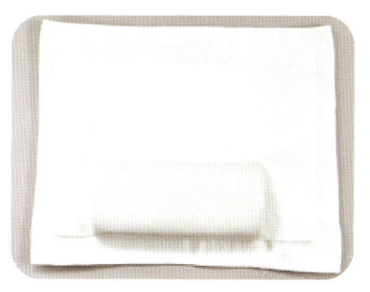

- 시술이 끝난 후에는 작업대를 깨끗하게 정리한다.

9. 작업대 정리

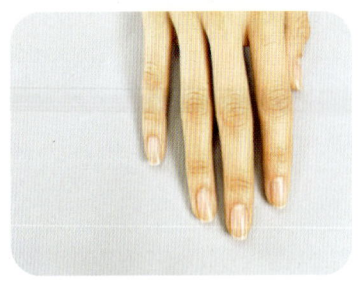

10. 드릴머신 제거 완성

# CHAPTER 04　폴리시 네일 아트

### [ 도트 아트 ]

① 레드 폴리시를 전체 바른다.
② 오렌지 우드 스틱 또는 마블 스틱을 사용하여 적당한 간격을 유지하며 도트를 찍는 다.
③ 완벽하게 건조 후 탑 코트를 바른다.

### [ 사선 프렌치 아트 ]

① 펄 그린 폴리시를 전체 풀 코트 한다.
② 사선 프렌치를 교차하여 그린다.
③ 펄 라인 폴리시를 사용하여 라인을 그려준다.
④ 완벽하게 건조 후 탑 코트를 바른다.

### [ 그라데이션 아트 ]

① 화이트 펄 폴리시를 전체 풀 코트 한다.
② 팔레트(호일)와 그라 솜을 준비한다.
③ 그라 솜에 네이비 컬러와 베이스 코트를 바른다.
④ 그라 솜을 호일에 두드리면서 컬러의 경계를 없앤다.
⑤ 후리에지가 진해지도록 그라 솜을 사용하여 그라데이션 한다.
⑥ 완벽하게 건조 후 탑 코트를 바른다.

### [ 공간아트 ]

① 여러 컬러의 폴리시를 다양한 모양으로 컬러링 한다.
② 공간이 분리되도록 골드 펄 라이너로 라인을 그린다.
③ 완벽하게 건조 후 탑 코트를 바른다.

### [ 라인아트 ]

① 수직, 수평으로 3개의 다른 폴리시를 분리하여 바른다.
② 라인테이프 아트 재료를 재단한다.
③ 라인테이프를 사용하여 디자인 한다.
④ 완벽하게 건조 후 탑 코트를 바른다.

### [ 스티커 아트 ]

① 브라운 컬러 폴리시를 전체 풀 코트 컬러링 한다.
② 네일 스티커 또는 네일 실을 사용하여 디자인한다.
③ 완벽하게 건조 후 탑 코트를 바른다.

## PART 02 네일아트 실기

[ 워터마블 아트 ]

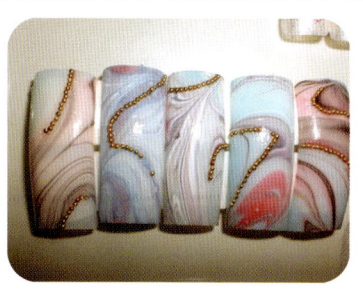

① 베이스코트를 바른다.
② 종이컵에 여러 개의 폴리시를 떨어뜨린다.
③ 마블스틱, 오렌지 우드스틱으로 디자인을 만든다.
④ 원하는 모양 방향을 향해 네일(팁)을 넣어준다.
⑤ 주변에 묻어나온 폴리시를 제거 한다.
⑥ 완전히 마른 후 탑 코트로 마무리 한다.

[ 해바라기 아트 ]

① 그린 컬러 폴리시를 전체 풀 코트 한다.
② 엘로 폴리시로 해바라기 꽃잎을 그려준다.
③ 오렌지 우드스틱 또는 마블 스틱을 사용하여 화이트폴리시로 도트를 찍는다.
④ 완벽하게 건조 후 탑 코트를 바른다.

[ 큐티여름 아트 ]

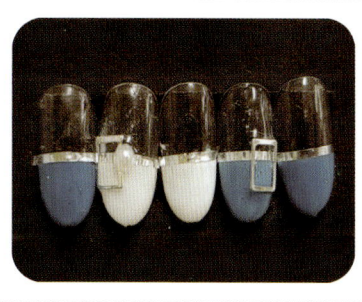

① 블루, 화이트로 프렌치를 한다.
② 라인테이프와 사각 파츠를 접착한다.
③ 탑코트를 바른다.

### [ 스마일 하트 연출 ]

① 핑크, 화이트, 옐로오크 폴리시로 프렌치를 한다.
② 하트와 캐릭터 얼굴을 디자인한다.
③ 탑코트를 바른다.

### [ 그라데이션 스톤 아트 ]

① 스카이 블루, 핑크, 민트, 보라색의 폴리시로 그라 솜을 사용하여 그라데이션 한다.
② 스톤, 파츠를 사용하여 원하는 디자인을 한다.
③ 완벽하게 건조 후 탑 코트를 바른다.

### [ 데이지 아트 ]

① 바이올렛, 핑크, 화이트를 혼합하여 그라데이션 한다.
② 화이트 물감으로 데이지 꽃을 스트록 한다.
③ 화이트, 그린 물감으로 잎사귀를 더블로딩한다.
④ 세필 브러시로 넝쿨을 그려준다.
⑤ 건조한 후 탑코트를 바른다.

[ 파츠 곡선 아트 ]

① 누드베이지, 핑크베이지, 화이트 펄 폴리시를 전체 풀 코트 컬러링 한다.
② 화이트 폴리시 라이너를 사용하여 곡선의 디자인을 그린다.
③ 어울리는 파츠를 중앙에 글루를 사용하여 붙여준다.
④ 완전 건조 후 탑 코트를 바른다.

# CHAPTER 05    젤 네일 아트

### [ 젤 도트 아트 ]

① 베이스 젤을 바르고 큐어링 한다.
② 화이트 젤 팔시시를 바르고 큐어링 한다.
③ 핫 핑크 젤 폴리시를 사용하여 도트 봉(오렌지 우드스틱)으로 도트를 디자인 한다.
④ 도트 사이즈를 다양하게 디자인 하고 큐어링 한다.
⑤ 탑 젤을 바르고 큐어링 하여 마무리 한다.

### [ 젤 그라데이션 아트 ]

① 베이스 젤을 바르고 큐어링 한다.
② 다양한 젤 폴리시를 사용하여 후리에지 쪽을 진해지도록 그라데이션 하고 큐어링 한다.
③ 스팽글, 글리터도 디자인하고 큐어링 한다.
④ 탑 젤 바르고 큐어링 하여 마무리 한다.

### [ 젤 수평 라인 아트 ]

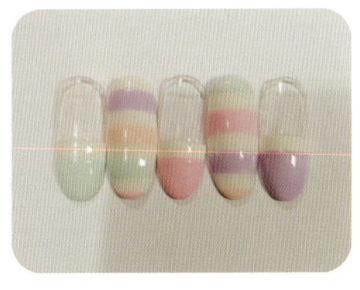

① 베이스 젤 바르고 큐어링 한다.
② 화이트 젤 폴리시를 풀 코트, 프렌치로 디자인 하고 큐어링 한다.
③ 다른 유색 젤 폴리시를 사용하여 사이사이 공간을 수평 라인으로 바르고 큐어링 한다.
④ 탑 젤 바르고 큐어링 하여 마무리 한다.

## [ 젤 사선 아트 ]

1. 베이스 젤 바르고 큐어링 한다.
2. 블루, 민트 젤 폴리시를 사용하여 사선으로 바른 후 큐어링 한다.
3. 테두리를 화이트 젤 폴리시로 라인을 그린 후 큐어링한다.
4. 탑 젤을 바르고 큐어링 하여 마무리 한다.

## [ 젤 호일 아트 ]

1. 베이스 젤 바르고 큐어링 한다.
2. 핑크, 화이트 펄 젤 폴리시 바르고 큐어링 한다.
3. 골드 호일을 사용하여 코너에 아트 디자인 한다.
4. 탑 젤 바르고 큐어링 하여 마무리 한다.

## [ 젤 우주 네일 ]

1. 베이스 젤 바르고 큐어링 한다.
2. 블루, 실버 펄, 스카이 블루 컬러로 컬러링 한다.
3. 대리석 디자인을 하고 골드 호일로 사용하여 디자인한다.
4. 반달 자개와 별 모양 아트재료로 디자인 한다.
5. 탑 젤 바르고 큐어링 하여 마무리 한다.

### [ 젤 구름 아트 ]

① 베이스 젤 바르고 큐어링 한다.
② 다크 블루 컬로 젤, 글리터 보라색 젤을 사용하여 풀코트 한다.
③ 화이트 젤을 사용하여 구름 모양을 그린다.
④ 탑 젤로 바르고 큐어링 하여 마무리 한다.

### [ 젤 사선 스톤 아트 ]

① 베이스 젤 바르고 큐어링 한다.
② 브라운 젤 폴리시 바르고 큐어링 한다.
③ 와인 젤 폴리시로 사선으로 바르고 큐어링 한다.
④ 스톤으로 라인을 따라 디자인 하고 큐어링 한다.
⑤ 탑 젤 바르고 큐어링 하여 마무리 한다.

### [ 젤 사선 체크 아트 ]

① 베이스 젤 바르고 큐어링 한다.
② 브라운 젤 폴리시 바르고 큐어링 한다.
③ 핑크 젤 폴리시 사용하여 사선으로 그리고 큐어링 한다.
④ 화이트 젤 라이너로 사선으로 테두리를 그리고 큐어링 한다.
⑤ 컬러 스톤을 사용하여 디자인한다.
⑥ 탑 젤 바르고 큐어링 하여 마무리 한다.

## [ 젤 장미 디자인 아트 ]

1. 베이스 젤 바르고 큐어링 한다.
2. 블루, 옐로 젤 폴리시 바르고 큐어링 한다.
3. 화이트 디자인 젤을 사용하여 장미를 그리고 큐어링 한다.
4. 탑 젤 바르고 큐어링 하여 마무리 한다.

## [ 젤 레이스 아트 ]

1. 베이스 젤 바르고 큐어링 한다.
2. 라이트 보라 젤 프렌치, 풀 코트로 바르고 큐어링한다.
3. 블랙 디자인 젤을 사용하여 레이스를 그려고 큐어링한다.
4. 탑 젤 바루고 큐어링 하여 마무리 한다.

## [ 젤 야자수 아트 ]

1. 베이스 젤 바르고 큐어링 한다.
2. 아이보리 젤 폴리시 바르고 큐어링 한다.
3. 보라, 핑크, 오렌지, 옐로 젤 폴리시로 그라데이션 하고 큐어링 한다.
4. 블랙 디자인 젤을 사용하여 야자수 나무를 그리고 큐어링 한다.
5. 탑 젤 바르고 큐얼링 하여 마무리 한다.

# CHAPTER 06 젤 응용 아트

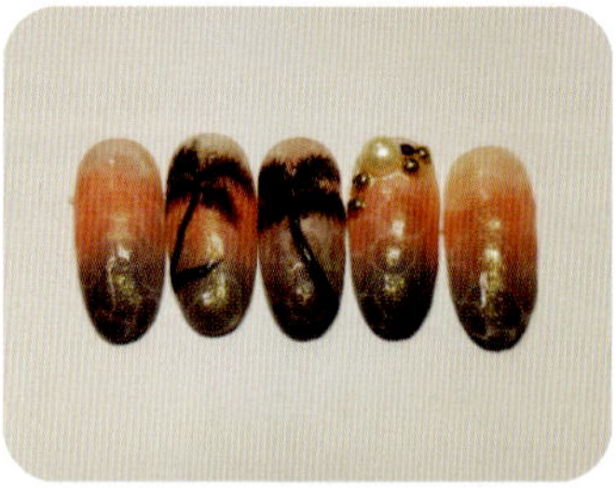

PART 02 네일아트 실기

# CHAPTER 07　살롱 젤 아트

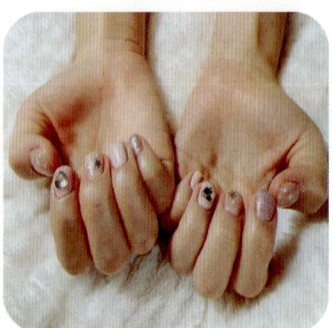

## CHAPTER 08 아트 갤러리

### 동양화의 조화

### 꽃다발

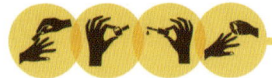

## 보랏빛 수국

## 푸른 정원

## 여우와의 만남

## 뮤직 팝 스타

### 요정과 소녀

### 드래곤 축제

## 과일 상자

## 겨울 이야기

## 클림트의 키스

## 샤갈의 꼬마 피카소

## 도시야경

## 오로라 아트

**장미 아트**

**나비 아트**

## 장미 정원

## 십장생

**신윤복의 월하정인**

**튤립 사랑**

## 싱그러운 해바라기

## 황금 대리석

### 호랑이 지도

### 인어공주의 슬픔

## 장미 가든

## 사랑의 나무

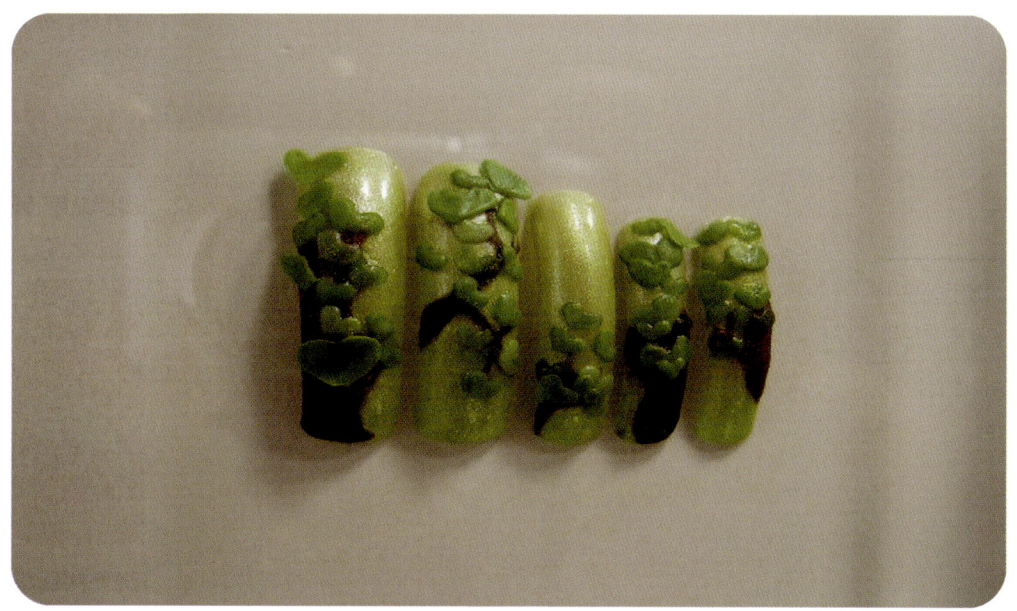

## 하늘의 왕

## 겨울 왕국

## 눈의 요정

## 장미의 파티

## 꽃 사슴

## 블랙 레이스

## 보석함

## 붉은 자개

**꽃들의 반란**

**앤디워홀의 팝아트**

## 용의 승천

## 용의 부활

## 블랙 장미

## 우주 이미지

## PART 02 네일아트 실기

### 새해 아침

### 단옷날 그네 타는 여인

**왕비의 생일**

**커튼 사이로**

## 화려한 축제

## 주말 파티

## 순백의 화려함

### 내 마음의 평화

## 산속의 화려함

## 참고문헌 | REFERENCE

- 권혜영 외 9명, 피부과학, 메디시언, 2012.
- 김기영 외 9명, 미용학개론, 메디시언, 2017.
- 김태진, 알기 쉬운 해부생리, 정담미디어, 2006.
- 남현지, 손톱트리트먼트사용이 UV 젤 네일 시술로 인한 손톱손상에 미치는 효과에 대한연구, 대구가톨릭대학교 보건과학대학원 보건과학과.
- 배신영 외 1명, 미용사(네일)필기시험문제, 크라운출판사, 2014.
- 이미림, 실크펩타이드, 센텔라아세티카 및 아미노코트의 젤네일 시술에 따른 손상손톱 보강효과, 대구한의대학교 보건학과.
- 이은경 외, 네일아트, 광문각, 2003.
- 이은숙 외, 소독전염병학, 도서출판 성화, 2009.
- 이현숙 외, 네일 미용사, 위북스, 2017.
- 최은미 외, NCS 적용 교육 네일 케어, 메디시언, 2017.
- 한국네일산업연구소, 2020 에듀윌 미용사 네일 필기 2주 끝장, 에듀윌, 2019.
- 한영숙 외 7명, 피부학, 정담미디어 ㈜학지사, 2011.
- 한영숙 외, 미용 소독 전염병학, 수문사, 2003.